Magloire FABIEN

História tectónica das placas do Oceano Índico 1

Magloire FABIEN

História tectónica das placas do Oceano Índico 1

Evolução tectónica desde o Carbonífero Superior

Imprint
Any brand names and product names mentioned in this book are subject to trademark, brand or patent protection and are trademarks or registered trademarks of their respective holders. The use of brand names, product names, common names, trade names, product descriptions etc. even without a particular marking in this work is in no way to be construed to mean that such names may be regarded as unrestricted in respect of trademark and brand protection legislation and could thus be used by anyone.

Cover image: www.ingimage.com

This book is a translation from the original published under ISBN 978-620-7-48524-6.

Publisher:
Sciencia Scripts
is a trademark of
Dodo Books Indian Ocean Ltd. and OmniScriptum S.R.L publishing group

120 High Road, East Finchley, London, N2 9ED, United Kingdom
Str. Armeneasca 28/1, office 1, Chisinau MD-2012, Republic of Moldova, Europe
Printed at: see last page
ISBN: 978-620-7-70947-2

HISTÓRIA DO RIFTEAMENTO DE MADAGÁSCAR ANTES DA DESAGREGAÇÃO MESOZÓICA DE GONDWANA

I. INTRODUÇÃO

Durante a época do Gondwana, Madagáscar passou por vários períodos de extensão da crosta que começaram no Carbonífero Superior e terminaram no Jurássico Superior com a separação do Gondwana Ocidental do Gondwana Oriental. No âmbito destas considerações gerais, a geologia da ilha foi compreendida até à data com a simples identificação de um grupo sedimentar paleozoico de origem principalmente continental, o Karroo, sobreposto por formações mesozóicas predominantemente formadas por carbonatos marinhos. O tectonismo do Karroo foi considerado como uma tafrogénese intracratónica que gerou horsts e grabens, enquanto a extensão continental entre o Leste e o Oeste do Gondwana ocorreu posteriormente. O presente documento é a compilação de estudos de exploração de longa duração envolvendo interpretações sísmicas de grande amplitude, dados geológicos de afloramento e dados de controlo de poços realizados pelo autor nas bacias da margem passiva ocidental de Madagáscar. Estes estudos permitem evidenciar os diferentes aspectos das actividades de rifting do Gondwana em Madagáscar, que são mais complexos do que se pensava. Os objectivos do presente estudo são (1) destacar as facetas tectónicas da subsuperfície da bacia a diferentes níveis, (2) descrever os períodos distintos de actividades de rifting anteriores à rutura da crosta entre o Gondwana Oriental e Ocidental e (3) relacioná-los com a história global da tectónica de placas do Gondwana. São tidas em conta duas bacias sedimentares: a bacia de Morondava, a oeste, e a bacia de Majunga, a noroeste da ilha. A sub-bacia de Sakaraha, situada no sudeste da bacia principal de Morondava, foi escolhida para estudar o Karroo devido à riqueza da sua geologia tectónica e de afloramento. São utilizadas três subdivisões do Cretáceo e do Permiano em vez de duas, a fim de estar em conformidade com a classificação habitualmente utilizada em Madagáscar. O Cretáceo Médio compreende o Aptiano até ao Turoniano. O Permiano Médio corresponde ao Kunguriano que, segundo a classificação internacional, está compreendido entre o Artinskiano (Permiano Inferior) e o Ufimiano que precede o Kazaniano (Permiano Superior).

II. SUB-BACIA DO SAKARAHA

A sub-bacia de Sakaraha (Figura 1) estende-se por uma área de cerca de 33000 km2 na parte sudeste da bacia principal de Morondava e situa-se marginalmente à base metamórfica pré-cambriana oriental. De acordo com Besairie (Besairie et al., 1972), cerca de 9000 m de sedimentos Karroo de origem predominantemente continental, com idades compreendidas entre o Carbonífero Superior e o Jurássico Inferior, estão presentes na bacia. A Figura 2 ilustra a coluna litoestratigráfica generalizada da sub-bacia de Sakaraha com base na geologia de afloramento.

II.1   Estratigrafia do grupo Karroo

As descrições estratigráficas que se seguem baseiam-se em dados de afloramento (Besairie et al., 1972).

A unidade Sakoa:

Esta unidade Karroo mais baixa é de idade carbonífera tardia a permiana média. Surge apenas na parte sudeste da sub-bacia de Sakaraha, como zonas estreitas e com falhas, marginais ao subsolo.

O topo da unidade Sakoa é caracterizado por uma superfície de inconformidade erosiva em toda a bacia. Nesta unidade são reconhecidas quatro subdivisões litológicas, da base para o topo:

1) A série glaciar do Carbonífero Superior de tilitos (50 a 100 m de espessura) e xistos negros (450 m de espessura máxima) intercalados com arenitos periglaciais de grão fino a grosseiro com marcas de ondulação e leitos de calcário.
2) A sequência carbonífera (Permiano Inferior), com 100 a 150 m de espessura, é composta por arenitos arcósicos de grão fino a grosseiro, com leitos conglomeráticos estratificados transversalmente, com finas camadas de carvão (1 a 10 m de espessura) e xistos.
3) A "série de leitos vermelhos" continental (Pérmico Inferior) de arenito arcósico esverdeado de grão grosseiro a conglomerático, alternando com xisto púrpura a castanho-avermelhado, siltito e arenito de grão fino. Os interbeds de calcário ocorrem dentro do xisto e na secção superior.

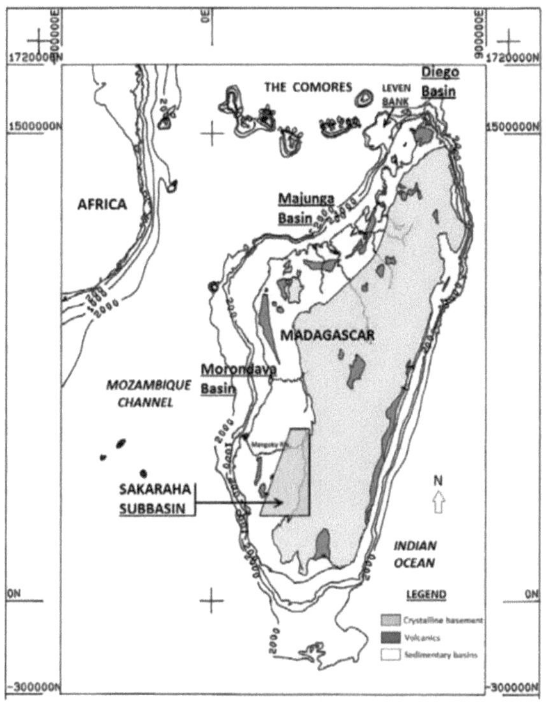

<u>Figura 1</u>: Localização da sub-bacia de Sakaraha no sudoeste da bacia de Morondava.

4) O calcário Vohitolia (Permiano Médio), um carbonato marinho descontínuo de 10 a 20 m de espessura com *Productus* e *Spirifer* (Braquiópodes) e Estromatólitos. A fauna equivalente descoberta nos xistos da bacia de Diego, no norte de Madagáscar, inclui *Productus, Spirifer* e Ammonites bem datados do Permiano Médio.

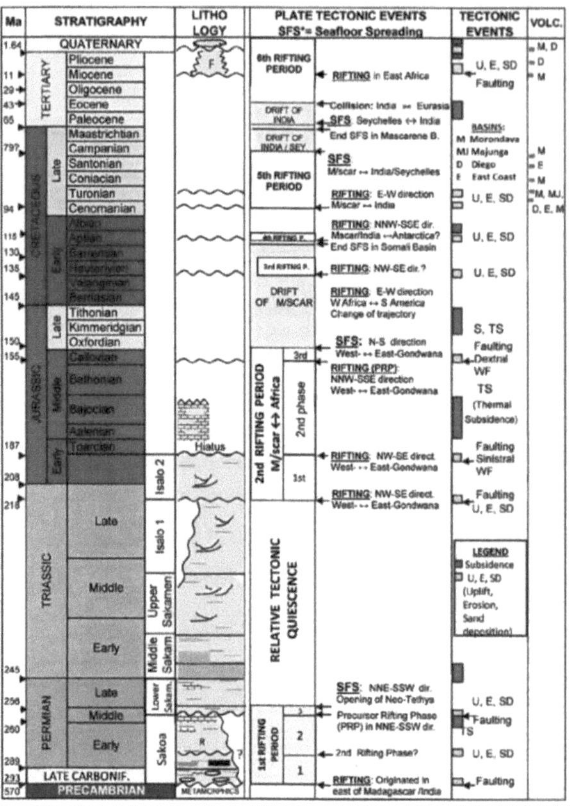

Figura 2a: Mapa estratigráfico sumário generalizado da sub-bacia de Sakaraha combinado com a tectónica e o vulcanismo regionais.

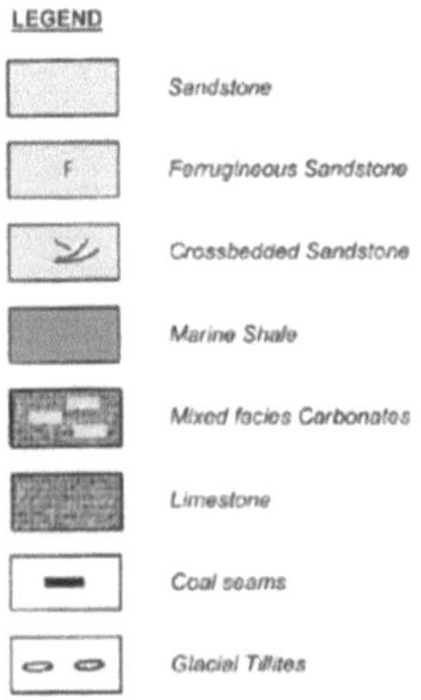

Figura 2b: Legenda da Figura 2a.

4

O grupo Sakamena:

Os sedimentos de Sakamena têm uma espessura aproximada que pode atingir os 4000 m. A base é conglomerática e sobrepõe-se à unidade de Sakoa com uma inconformidade angular de 10 graus. Por todo o lado, as formações de Sakamena sobrepõem-se aos depósitos de Sakoa e ao embasamento cristalino. O Sakamena é constituído por três termos diferentes:

1) O <u>Sakamena Inferior</u> (Permiano Superior) é, no seu conjunto, uma sequência esverdeada ou cinzenta clara de siltitos e xistos siltosos espessos, alternando com leitos de arenitos de grão fino a muito grosseiro. A fácies é principalmente continental com carbonatos marinhos na secção superior.
2) O <u>Sakamena Médio</u> (Permiano Superior ao Triássico Inferior) é uma sequência xistosa de ambiente marinho ou marinho lagunar com espessuras médias de 200 a 300 m.
3) O <u>Sakamena Superior</u> (Triássico inicial a médio tardio), com 500 a 600 m de espessura, é uma sequência de xisto/siltito, xisto variegado e arenito com camadas cruzadas. O conjunto sugere um ambiente de deposição de fácies mistas, lagunares e aluviais.

O grupo Isalo:

O grupo Isalo é de origem continental e a sua idade varia entre o Triássico Superior e o Jurássico Inferior. Besairie citou uma espessura aproximada de mais de 3600 m entre os rios Mangoky e Onilahy. São conhecidas duas subdivisões do grupo Isalo:

1) A unidade <u>Isalo 1</u> (I1) consiste num arenito arcósico maciço, friável e de cor pálida, com raros leitos finos de xisto. O arenito é de grão médio a muito grosseiro e apresenta estratificações cruzadas em grande escala. Esta unidade pode atingir uma espessura máxima de 1600 m. Uma fraca inconformidade local é definida no topo do Isalo 1, que é marcada em alguns locais por conglomerados basais.
2) O <u>Isalo 2</u> (I2), a unidade Karroo mais elevada, com uma espessura que varia entre 1000 e 2000 m, é um arenito quarzítico "tipo açúcar", com camadas cruzadas e bem seleccionadas, com uma quantidade variável de intercalares argilosos de cor castanha avermelhada. Esta unidade difere do Isalo 1 subjacente pela maior heterogeneidade litológica e pelo desenvolvimento de sequências variegadas deste último. Um evento erosivo proeminente marca o fim do Isalo 2.

II.2 Interpretações sísmicas.

Foram interpretados sete horizontes utilizando dados sísmicos migrados, dados de controlo de poços e a geologia de superfície. O Datum de Referência Sísmica que representa o tempo zero sísmico corresponde a 1000 m acima do nível médio do mar. Os valores de tempo estão em segundos de tempo de viagem bidirecional (twt). Duas linhas sísmicas são mostradas nas Figuras 3 e 4, respetivamente. As falhas definidas no topo do nível médio de Sakamena (horizonte 4) foram cartografadas e mostradas na Figura 5. A identificação dos horizontes sísmicos baseia-se nos topos dos poços estratigráficos, bem como nos principais marcadores sísmicos. O topo do subsolo (horizonte 1), o topo de Sakoa (horizonte 2), a superfície Isalo 1/Isalo 2 (horizonte 6) e o topo de Karroo (horizonte 7) são superfícies de inconformidade erosivas importantes e têm um bom controlo geológico a partir de poços e afloramentos.

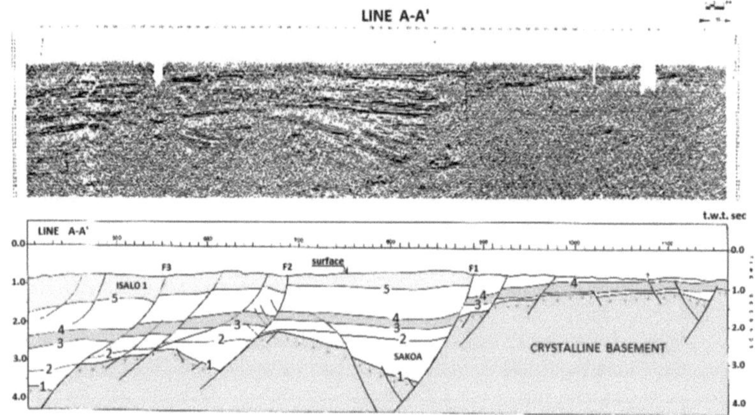

Figura 3: Linha sísmica A-A', ver Figura 4 para a legenda e Figura 5 para a localização.

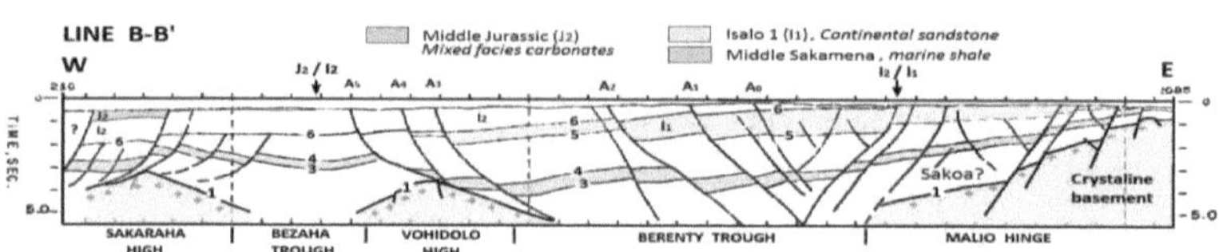

Figura 4: Linha sísmica B-B', ver Figura 5 para a localização.

II.3   Definição da avaria.

Três estilos distintos de falhas extensionais estão presentes na bacia (Figura 5):

- Falhas em bloco inclinadas para oeste, caracterizando o meio graben de Berenty e a plataforma de Ranohira localizada na margem central oriental da bacia.
- Falhas em bloco inclinadas para leste, marcando o estilo tectónico do flanco sul do planalto de Makay.
- Falhamento virado para oeste (até à bacia), afectando a zona de charneira do Malio e as áreas ocidentais.

Os blocos de falhas inclinados e os semi-agarramentos são geralmente orientados NW-SE.

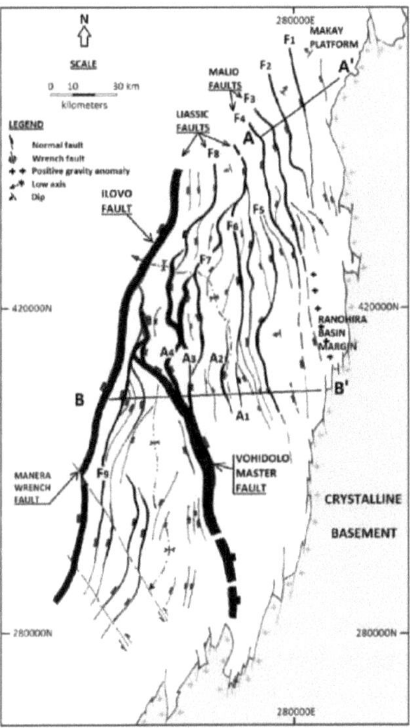

Figura 5: Mapa de falhas no topo da sequência do Médio Sakamena. Ver Figura 1 para a localização.

A sub-bacia de Sakaraha foi o teatro de configurações de falhas de diferentes idades. A falha de Vohidolo (A5) e as falhas F1 a F6 são de idade paleozóica tardia. A falha de Vohidolo é a caraterística tectónica mais marcante da bacia e delimita o meio graben de Berenty a oeste. A reativação significativa desta falha teve lugar no Triásico Superior, no final da deposição de Isalo 1, e causou o estabelecimento de uma família de falhas contra-regionais de tendência N-S (A0 a A4), com origem na falha de Vohidolo. Após este evento tectónico, as formações do Médio Sakamena desceram para mais de 1900 m no sopé da falha de Vohidolo, o que corresponde a uma rotação de cerca de 2 graus no sentido dos ponteiros do relógio do meio graben de Berenty. As falhas de baixo para oeste que marcaram o flanco sul da plataforma de Makay no norte são inferidas como falhas antitéticas da falha de V ohidolo. A falha de Ilovo, de tendência NNE-SSW, foi estabelecida no Liássico e atravessou os horsts e grabens pré-existentes. As suas falhas de acompanhamento podem ser encontradas a norte (F7 e F8) e a sul (F9) da calha de Berenty.

III.   PERÍODOS DE RIFTES GONDWANIANOS.
III.1 Período de rifting do Paleozoico tardio.

A orientação NW-SE da falha de Vohidolo indica a origem do alongamento da crosta no leste de Madagáscar/Índia. Isto deve ter em consideração a história tectónica de placas do Gondwana num contexto regional. O evento tectónico de placas proeminente conhecido estava relacionado com a criação do Oceano Neo-Tethys, resultando no desprendimento de fragmentos continentais do Gondwana NE no Permiano Médio (Lawver, 1990; Acharrya, 2000). Este espalhamento oceânico foi posterior às actividades de rifting do Permiano-Carbonífero que geraram bacias relacionadas com riftes em vários locais do Gondwana (África Oriental, Madagáscar, Índia e Austrália).

A primeira fase de rifting teve início no Carbonífero Superior, durante um período de glaciação no Hemisfério Sul, por volta de 293 Ma. As grandes mudanças de deposição ambiental da "série glacial de tilitos" para a "sequência de medidas de carvão" (ambiente húmido) e depois para a "série de leitos vermelhos" (totalmente árida) tiveram presumivelmente a implicação de eventos de rifting. A erosão do calcário Vohitolia do Permiano Médio é vista como a impressão digital da última atividade de rifting. Presume-se que esta última seja a precursora da propagação oceânica para norte que resultou na abertura do Oceano Neo-Tethys, aqui datada no Permiano Superior. Durou um período relativamente curto (alguns milhões de anos de duração) antes do início da rutura final. Há provas de que as actividades tectónicas das placas paleozóicas foram controladas por correntes de convecção NS;

Bacia de Morondava:

Como descrito anteriormente no Capítulo II, a sub-bacia de Sakaraha é marcada pela falha de Vohidolo de tendência NW-SE que mergulhou profundamente o meio graben de Berenty em direção a SW. A metade norte da bacia de Morondava é caracterizada pelo mesmo cenário tectónico com outro meio graben de tendência NW-SE e uma falha antitética virada para oeste com 750 km de comprimento designada por Falha da Fronteira Oriental (EBF). As actividades tectónicas de segunda ordem ocorreram entre a EBF e a zona de charneira, numa área designada por Corredor de Karroo, marcada por horsas do subsolo com tendência N-S (Tsimiroro Horst). A maioria dos depósitos de Sakoa foi removida pela erosão nestas áreas, onde os arenitos continentais do Baixo Sakamena se encontram diretamente sobre o embasamento cristalino.

Bacia do Majunga:

No centro da bacia, de norte a sul, corre um profundo meio-graben limitado a oeste por uma falha de curvatura côncava (Figura 6). A 1140000N de latitude, a falha curva-se para norte. Os sedimentos paleozóicos preencheram a bacia de Majunga, mas a deposição completa parece estar confinada às partes mais profundas do meio graben, para além do limite dos dados sísmicos. No lado de cima da falha principal estende-se uma grande plataforma basal que foi exposta à superfície até ao aparecimento do evento de rifting do Triássico Superior. Os sedimentos paleozóicos também estão ausentes no lado oriental da falha de Ambondromamy, que foi possivelmente uma falha antitética da falha principal de Majunga na fase inicial da sua formação. A leste da falha, a unidade Isalo 1, constituída por depósitos de arenitos continentais, sobrepõe-se diretamente ao embasamento cristalino

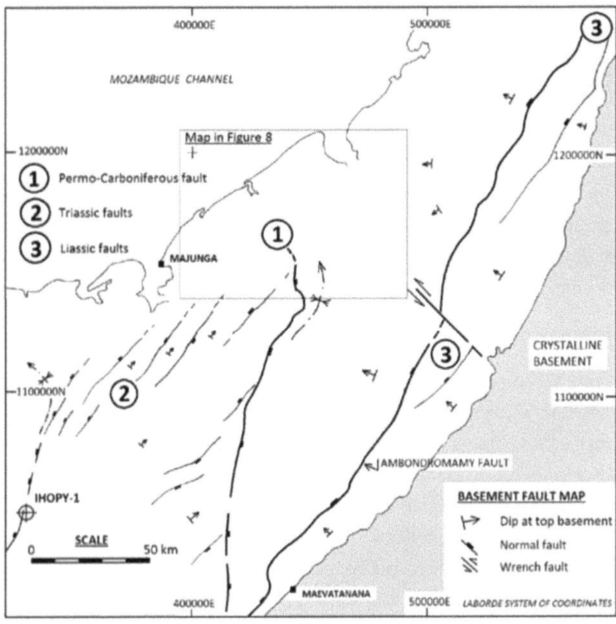

Figura 6: Mapa de falhas no subsolo superior na bacia terrestre de Majunga

III. 2Período mesozóico de   rifting.

O segundo período de rifting compreende três fases distintas:

1) Fase de rifting do Triássico Superior na direção NW-SE.
2) Fase de rifting Liássico na direção NW-SE.
3) Fase de rifting do Caloviano Médio na direção N-S.

1) Fase de rifting do Triássico Superior.

A primeira fase de rifting começou no Triássico Superior e terminou no Liássico. Estas datas são estratigraficamente identificadas como o fim das deposições Isalo 1 e Isalo 2, respetivamente. Coincidem com os limites das sequências datados de 218 Ma (Noriano) e ~187 Ma (último Pleinsbachiano), respetivamente (Haq et al., 1987). As falhas geradas durante este evento tectónico estão viradas para noroeste, indicando a origem da extensão continental a sudeste, em direção oposta à do Permiano-Carbonífero.

Sub-bacia do Sakaraha:

Como se pode ver nas Figuras 4 e 5, na parte sudoeste da sub-bacia de Sakaraha encontram-se falhas triássicas viradas a oeste. A sua orientação sugere uma direção WNW-ESE da extensão. Entre o Permiano Superior e o Triássico Superior, a sedimentação foi exclusivamente controlada pela falha de Vohidolo. Presume-se que o rejuvenescimento da falha e a subsequente subsidência da bacia sejam causados exclusivamente pela sobrecarga de sedimentos. Um evento erosivo proeminente marcou o fim da deposição do Isalo 1. Grandes mudanças no desenvolvimento deposicional ocorreram depois disso. A Figura 4 mostra claramente que a deposição de Isalo 2 se desenvolveu independentemente das actividades tectónicas anteriores. Isto explica-se pelo facto de a direção da extensão do fim do Isalo 1 ser quase paralela à orientação da própria falha de Vohidolo, evitando uma reativação importante. Estes aspectos tectónicos podem explicar a uniformidade da unidade Isalo 2, em termos de classificação dos grãos de arenito e de espessura, em comparação com a unidade Isalo 1 subjacente, sendo ambas as unidades de origem continental.

Bacia do Majunga:

No que se refere à Figura 6, as falhas do Triássico tardio, orientadas regionalmente para SW-NE, afectaram a plataforma basal no lado ocidental do meio graben central. A orientação destas falhas sugere uma orientação NW- SE da extensão crustal do Triássico Final, que é ligeiramente diferente da observada na sub-bacia de Sakaraha. A plataforma basal ocidental foi erodida durante a elevação associada às falhas e foi posteriormente preenchida por sedimentos detríticos. O poço Ihopy-1 (SPM, 1963) (Figura 6 para localização) penetrou em arenitos continentais Isalo 2 com 200 m de espessura antes de atingir o embasamento cristalino a 827 m.

A evidência de um rifting do Triásico Superior associado ao estiramento da crosta entre o Gondwana Ocidental e Oriental altera radicalmente o entendimento sobre o momento do início desse evento, que era anteriormente fixado no Liásico, no final do Karroo. O facto de a unidade Isalo 2 pertencer ao grupo Karroo gera confusão quando se trata dos aspectos tectónicos da bacia. É atualmente evidente que a sua história tectónica é bastante diferente da do resto do grupo.

2) **Fase de rifting do Liássico.**
Bacia de Morondava:

As falhas de fundo de bacia e de chave foram particularmente activas durante a fase de rifting do Liássico (Figura 7). A falha de Ilovo, de tendência NNE-SSW, com 450 km de comprimento, constitui o maior sistema de falhas formado nessa altura. Na metade norte da bacia, foi substituída pela falha de Bemaraha, que adoptou uma orientação NNW-SSE. A zona da falha de Tsiribihina, orientada NW-SE, separa os dois sistemas de falhas. A zona da falha de Tsiribihina divide a bacia de Morondava em duas partes de evolução deposicional diferente durante o Jurássico Médio. Forma a fronteira das mudanças laterais de fácies, de dominadas por carbonatos marinhos no norte para predominantemente mistas no sul. A plataforma carbonatada tem cerca de 600 m de espessura no norte, enquanto a espessura das formações mistas da plataforma pode atingir 3000 m no sopé da falha de Ilovo.

Um centro de rift falhado é definido na latitude 800000N no lado esquerdo de uma falha sinistral. Esta última foi injetada por intrusões doleríticas do Cretácico Médio que exibem anomalias magnéticas positivas ao longo do caminho. Gerou uma deslocação lateral esquerda de cerca de 5 km. Três anomalias magnéticas lineares que se estendem entre e perpendicularmente à zona da falha de Soahany, a norte, e à crista vulcânica de Vaucluse, a sul, podem estar relacionadas com centros de rifte falhados que mudaram progressivamente de posição para oeste durante a fase inicial do rifteamento.

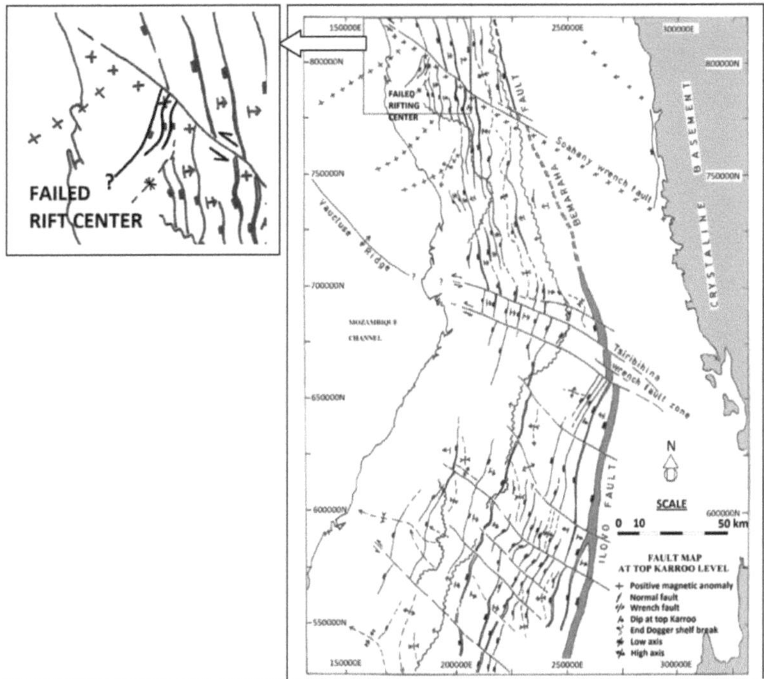

Figura 7: Sistemas de falhas no nível superior do Karroo na bacia de Morondava. Sistema de coordenadas de Laborde.

Bacia do Majunga:

A falha de Ambondromamy (Figura 6), que se estende para leste da bacia profunda de Majunga, era provavelmente um sistema de falhas antigo, mas foi reativado durante as actividades de rifting do Liássico. A falha de chave sinistral que corta a falha a

11

1130000N de latitude também foi gerada durante a sua reativação no Liássico. Não há falhas ou reativação de falhas desta idade que afectem a plataforma basal ocidental. As formações mais antigas do rift-fill Liássico são de idade Toarciana e são constituídas principalmente por xistos fossilíferos, margas e calcários de origem marinha, litoral e lagunar. Só aparecem na parte sul da bacia.

3) Fase de rifteamento do Caloviano Médio.

A última fase de rifting foi iniciada no Caloviano Médio a cerca de 160 Ma e precedeu a rutura final datada no Oxfordiano Inicial a 156 Ma (Haq et al, 1987). Conduziu à rutura final entre o Gondwana Oriental e Ocidental, iniciando um movimento de placa orientado para N-S da fase de rifting para a fase de drifting. A fase de rifting pré-rutura do Caloviano Médio (PRP) teve uma duração relativamente curta em relação à fase anterior do Liássico que durou cerca de 30 Ma. Por conseguinte, era praticamente impossível definir até que os sistemas de falhas associados a ela foram descobertos através de interpretações sísmicas na bacia de Majunga (Figuras 8 e 9) (Fabien, 1992).

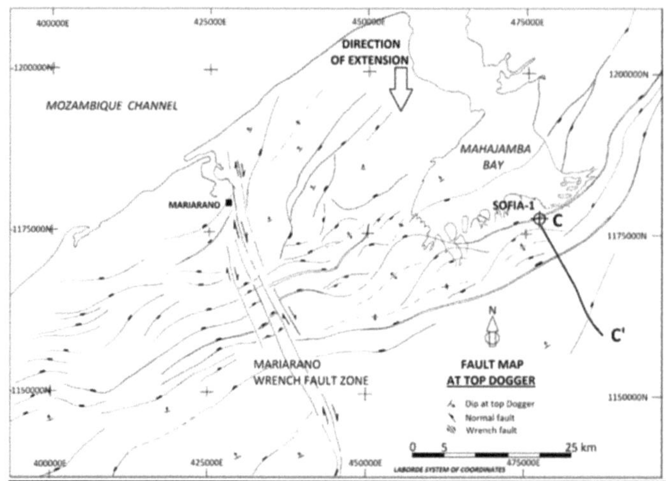

Figura 8: Mapa de falhas no topo de Dogger na bacia de Majunga, Figura 6 para localização.

Estas falhas são falhas listradas em forma de arco que correm de NE para WSW e confinam com uma zona de falha em chave dextral orientada para NNW-SSE que corre ao longo da falha principal do graben. O lançamento da falha e a listricidade são muito mais importantes no lado direito da falha em forma de chave do que no lado esquerdo. A sua orientação indica a direção da extensão da crosta, que é aqui regionalmente de norte para sul.

Uma mudança de direção das correntes de convecção do manto que impulsionaram a extensão continental surgiu durante o PRP. Esta última e a separação final da crosta devem ser vistas como o resultado do mesmo processo tectónico de placas, porque ambas resultaram da manifestação contínua da mesma onda de correntes de convecção ascendentes do manto. A sua existência é necessária como intermediária entre um longo período de extensão continental e a rutura final da crosta, que evoluíram em direcções bastante diferentes. Não deve ser ignorada e considerada como parte integrante da história da tectónica de placas dos continentes, apesar do seu subtil impacto tectónico nas bacias sedimentares. O evento erosivo associado ao PRP é frequentemente considerado por engano pelos intérpretes sísmicos como o resultado da rutura, cuja datação é consequentemente sobrestimada. No entanto, houve uma ocorrência erosiva limitada imediatamente antes da rutura na zona de separação das placas, gerando vales profundos alongados e escarpas. Estas características erosivas são indicativas da presença da fronteira continente/oceano nas bacias offshore de Morondava e Majunga.

A ligação da linha sísmica C-C' ao poço Sofia-1 (Conoco, 1972) (Figura 9) revela claramente que as falhas foram geradas no Caloviano sem mais detalhes. Esta lacuna de datação litoestratigráfica pode ser resolvida tendo em consideração os dados geológicos de afloramento na bacia sul de Morondava, onde as sequências calovianas syn-rift estão bem definidas e descritas (Figura 10).

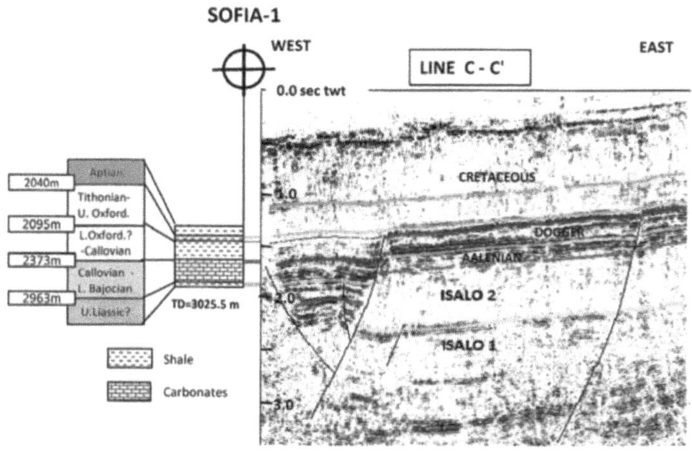

Figura 9: Linha sísmica C-C' ligada ao poço Sofia-1, Figura 8 para localização.

Bacia de Morondava: geologia de afloramento.

A bacia de Morondava continua a ser o melhor local para analisar em afloramentos superficiais as mudanças deposicionais associadas à transição entre os períodos de rifting e drifting. Foram seleccionadas três secções geológicas transversais às formações relacionadas com o rift e o drift, como mostra a Figura 10a. As descrições litoestratigráficas retiradas do livro de Bésairie são utilizadas para construir as colunas geológicas das secções transversais seleccionadas (Figura 11). A nomenclatura estratigráfica para o Jurássico Superior encontrada no livro de Bésairie utiliza as subdivisões da fase Oxfordiana internacionalmente conhecida, que compreende, por ordem ascendente, o Oxfordiano estratigraficamente falando, o Argoviano, o Rauraciano e o Sequaniano. A unidade mais alta do Dogger, a série Mandabe-Sakanavaka (J2c), datada do Bathoniano Superior ao Caloviano Inferior, é escolhida como substrato de referência. São de fácies mistas e predominantemente formadas por arenito com intercalações de xisto arenoso e lumachelle.

A série Sakanavaka é sobreposta pelos sedimentos marinhos do Caloviano Médio, representados pela camada de cor azul na Figura 10a. Não existe qualquer inconformidade erosiva descrita entre as duas unidades. No entanto, a diminuição drástica da espessura da série Sakanavaka no sul do rio Mangoky pode estar associada à erosão. As formações do Caloviano Médio são constituídas por margas que evoluem para norte para xistos com gesso e xistos amarelos com pirite. É bom sublinhar que o Caloviano Inferior está ligado ao período de deposição de carbonatos que prevaleceu durante a subsidência térmica do Jurássico Médio. A mudança de fácies, de dominada por carbonatos no Caloviano Inferior para clásticos marinhos no Caloviano Médio e Superior, está associada à fase de rifting pré-rutura (PRP) (Figura 11).

Figura 10a: Mapa geológico de afloramento de uma porção sul da bacia de Morondava (desenhado a partir do mapa geológico principal da bacia de Morondava à escala

14

1/500.000, 1969) e secções transversais geológicas com as descrições de Besairie (Besairie et al., 1972).

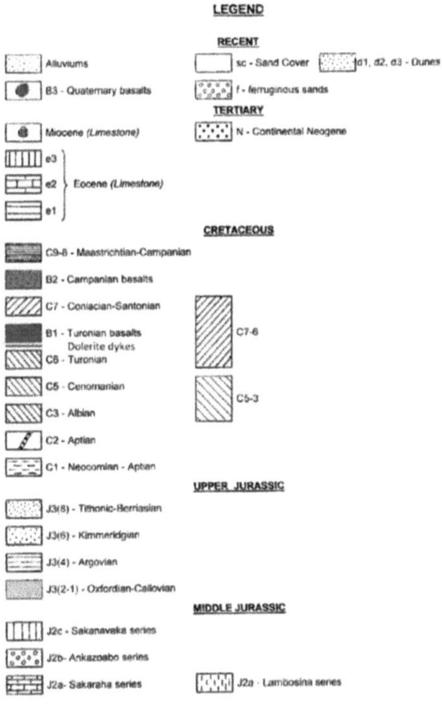

Figura 10b: Legenda da Figura 10a.

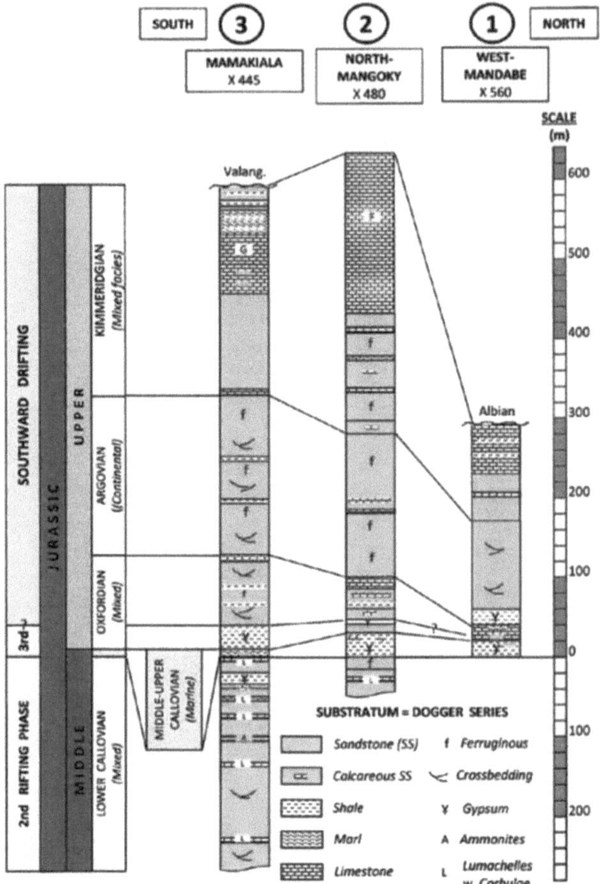

Figura 11: Correlação dos sedimentos de afloramento do Jurássico Superior na bacia sul de Morondava, localização das secções geológicas na Figura 10a.

IV.   REPARTIÇÃO FINAL.

Voltando à Figura 11, a passagem do período de rifte para o período de deriva corresponde à mudança de fácies de mista para continental nas formações Oxfordianas. Não há registo de qualquer evento erosivo associado a este período. O hiato deposicional do Oxfordiano e do Argoviano na bacia setentrional de Morondava, somado ao hiato nacional do Rauraciano e do Sequaniano, conhecido como "hiato lusitano", reflecte um relativo equilíbrio resultante do reajustamento isostático sob a crosta litosférica. Este é o resultado de dois fenómenos contraditórios, o "efeito de colapso" devido à libertação dos constrangimentos do manto ascendente relacionados com a fenda e o "efeito de

16

flutuação" (princípio de Arquimedes) sobre o fragmento continental destacado, que se adelgaçou e alargou durante o alongamento da crusta. Durante os primeiros milhões de anos após a desagregação, as regiões continentais que ladeavam as cristas vulcânicas activas ainda sofriam os efeitos do manto ascendente, pelo que não podiam atuar como receptáculos de sedimentos. As bacias oceânicas começaram a formar-se quando as bordas continentais se encontravam a determinadas distâncias das cristas e, em seguida, afundavam-se progressivamente com a ajuda do arrefecimento da crosta e da carga sedimentar. Para este caso específico, isto só começou no Kimmeridgiano. Regra geral, o hiato deposicional parece ser o impacto típico de uma rutura em toda a bacia, mais do que a erosão, que é atribuída ao rifting que a precedeu. No entanto, a erosão submarina pode ser observada dentro da área que corre ao longo da zona central do rifte na fase final do PRP.

No poço Sofia-1 (Figura 9), a fronteira rift/drift foi penetrada a 2095 m, correspondendo à interface entre o Oxfordiano Superior e as formações Oxfordiano-Calovianas subjacentes, ambas formadas por xisto marinho. Os dados de afloramento datam com exatidão a sequência de preenchimento do rift associada ao PRP do Caloviano Médio ao Oxfordiano Inferior. Este intervalo de tempo corresponde a cerca de 11% da duração da fase de rifteamento precedente.

V. IMPACTOS TECTÓNICOS EM TODA A GONDWANA E PALEOPOSIÇÕES DE MADAGÁSCAR.

A partir do Triássico Superior, Madagáscar esteve no centro dos movimentos tectónicos de placas que conduziram à divisão do supercontinente Gondwana em vários fragmentos. O processo de fragmentação já ocorreu no Paleozoico Superior com a deriva para norte de fragmentos continentais das margens norte de África/Índia/Austrália que constituem atualmente o Tibete, os países do Sudeste Asiático e partes da China (Royer, 1990, Collins, 2003). A afinidade dos fósseis marinhos do Permiano em Madagáscar com os encontrados no Tibete e em Timor já foi mencionada por Besairie (Besairie et al., 1972). Este capítulo tenta relacionar estes movimentos de placas com a tectónica extensional que afectou o Gondwana no Permiano - Carbonífero.

O posicionamento de Madagáscar em relação aos outros fragmentos continentais do Gondwana (Figura 12) implica questões geocientíficas como a cronologia geomagnética das crostas oceânicas expandidas (Coffin & Rabinowitz, 1987), a geologia de superfície e de subsuperfície e os dados batimétricos. Apesar das numerosas publicações realizadas até à data, o tema continua a ser um desafio permanente. O presente artigo revela uma nova tentativa de posicionamento de Madagáscar em relação à África Oriental, à Índia e à Antárctida no Paleozoico Superior, com base nos dados acima mencionados.

V.1 Paleozoico tardio:

O ajuste de Madagáscar à África Oriental (Figura 13) no final do primeiro período de rifting (início do Permiano Superior) é limitado por quatro considerações:

1) A fronteira norte de Madagáscar não deve ultrapassar o nariz da Somália ao largo, situado entre as latitudes 3°N e 5°N, que é marcado por um declive batimétrico de elevado gradiente orientado para WNW-ESE, aqui designado por declive off-4°N. Este nariz parece estar relacionado com o subsolo do continente. Fica adjacente ao Banco Leven, em Madagáscar, no seu lado sul.

2) A plataforma sul da costa de Madagáscar, aqui delimitada pela curva batimétrica de 2000 m, confronta-se com um estreito declive continental NW-SE ao largo do porto de Mtwara, no sudeste da Tanzânia. Este último é aqui designado por declive off-10°S.

3) O limite sul da bacia profunda de Morondava em Madagáscar e a margem sul da bacia de Ruvu (também conhecida como Selous) na Tanzânia constituem a mesma margem do embasamento (mostrada a tracejado), aqui designada por linha de margem do embasamento de Mafia. Os sedimentos Karroo não mais antigos do que o Isalo estão presentes no lado sul desta margem do embasamento.

4) O bloco constituído por Madagáscar e Índia/Sri Lanka deve ser inserido entre a África e a Antárctida num contexto regional, como ilustrado na figura 12.

De acordo com esta reconstrução, a placa basal do Cabo de Santo André em Madagáscar situava-se na frente do monte pré-cambriano de Bur Acaba na Somália. Entre os dois maciços existia uma calha com falhas (braço direito da junção tripla, Reeves et al., 1986) que permitia invasões marinhas do Permiano provenientes do oceano Paleo-Tethys. Os autores relatam ocorrências marinhas no noroeste da Austrália desde o Permiano Inferior (Kirk, 1985).

A extensão do meio-gráben de Berenty para a zona offshore fundiu-se com o embayment de Lamu, no oeste do Quénia, que também esconde sedimentos do Permiano-Carbonífero (Coffin, 1990). O meio-gráben de Majunga estava virado para o Embayment da Somália.

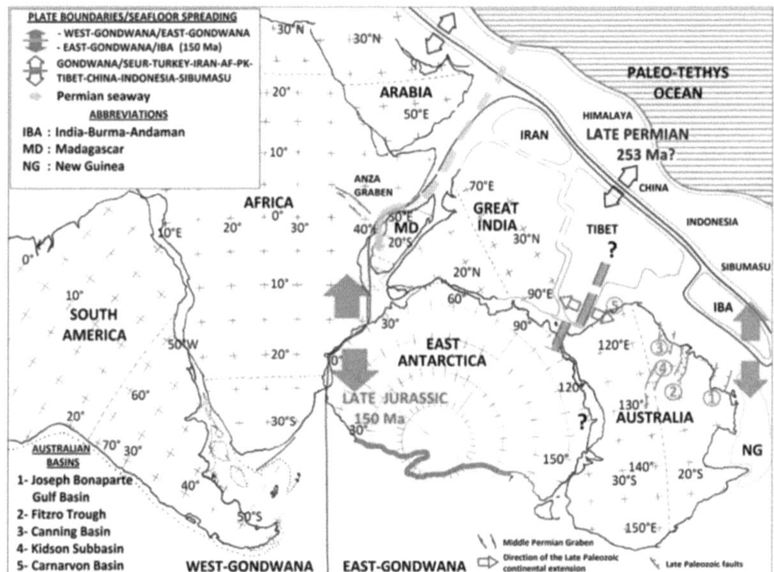

<u>Figura 12</u>: Reconstrução de Gondwana no Paleozoico Superior com base nos fragmentos continentais actuais, mostrando as presumíveis zonas de rift Permiano-Carbonífero e os grabens contemporâneos na Austrália, as separações de placas do Permiano Superior e do Jurássico Superior (Royer, 1990, Acharyya, 2000, Collins, 2003).

A correspondência entre Madagáscar e a Índia deve ter em consideração dois alinhamentos geológicos, a zona de cisalhamento de Ranotsara (RSZ) em Madagáscar e a zona de cisalhamento de Anchakovil (AKSZ) no sul da Índia, que parecem constituir a mesma caraterística de base (Mishra et al., 2006). A extensão da zona de cisalhamento em direção ao Sri Lanka não é conhecida. A combinação do Sri Lanka com a Índia funde a costa ocidental da ilha com a fronteira do embasamento aflorante que constitui a margem ocidental da Bacia Costeira de Chauvery. Por conseguinte, o Sri Lanka fazia parte do Terreno Granulítico Meridional que forma principalmente o embasamento metamórfico do sul da Índia (Raval et al., 2003; Mishra et al., 2006). A deslocação do Sri Lanka para sul, relacionada com a fenda, em relação à Índia, pode ser vista como a combinação de um movimento de translação que totaliza 174 km e de uma rotação de 26 graus no sentido dos ponteiros do relógio, centrada num ponto localizado perto de Pondicherry. As Seychelles estão ausentes nesta reconstrução pela simples razão de que a península foi gerada no contexto da extensão crustal entre Madagáscar e a Índia no Cretácico.

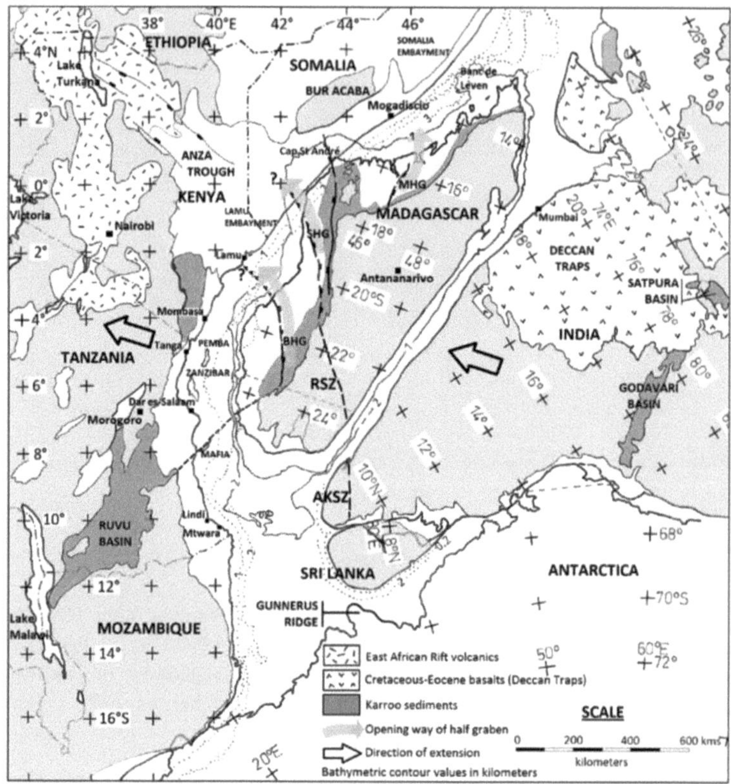

<u>Figura 13</u>: Correspondência de Madagáscar com a África Oriental e a Índia no Permiano Superior e principais sistemas de falhas associados em Madagáscar. MHG = Majunga Half Graben; SHG = Saheny Half Graben; BHG = Berenty Half Graben; RSZ = Ranotsara Shear Zone; AKSZ = Achankovil Shear Zone.

O alongamento continental do Paleozoico tardio teve um impacto regional em todo o Gondwana, especialmente em:

- Índia, com a formação de bacias do Permiano-Carbonífero, como a bacia de Godavari, no centro-leste, que parece ligar-se mais a norte à bacia de Satpura, sob os basaltos da inundação do Decão. As bacias de Mahanadi e Damodar são outras bacias Karroo situadas a leste e a nordeste de Godavari, respetivamente, mas não são consideradas no presente documento por estarem demasiado próximas da zona de subducção.

- Madagáscar, com a presença de meios grabens Karroo nas bacias de Majunga e Morondava. Os sedimentos completos do Permiano-Carbonífero só podem ser observados em afloramentos na sub-bacia de Sakaraha.

- Tanzânia, onde os sedimentos Karroo surgem no sudoeste da bacia de Ruvu e na zona mais setentrional a norte da cidade de Tanga. Estão datados desde o Carbonífero Superior até ao Jurássico Inferior (Reeves et al., 1986, Collin, 1990,

Rajaomazava, 1991, Salman et al., 1995).

* Quénia, onde os depósitos de Karroo, que vão do Carbonífero Superior ao Liássico, podem ser encontrados no sudeste da região de Mombaça. O graben de Anza, de tendência NW-SE, ladeado a norte pela falha de Lagh Bogal, é uma caraterística tectónica marcante no noroeste do Quénia (Reeves et al., 1986, Rajaomazava, 1991).
* Noroeste e Oeste da Austrália, com a presença de falhas de tendência NW-SE (ver Figura 12), tais como a falha do Golfo de Bonaparte, o graben de Fitzro, a Bacia de Canning formada por uma série de grabens (sub-bacias de Willara, Joanna Springs e Kidson) e a Bacia de Carnarvon (GSA, 1971). Infelizmente, o autor não dispõe de referências escritas sobre estas bacias relacionadas com os riftes.

As águas marinhas do Permiano transgrediram áreas distantes do norte para o interior do Gondwana ao longo das calhas relacionadas com os riftes. A orientação das bacias de rifte na África Oriental, Madagáscar e Índia indica a origem do alongamento a ESE de Madagáscar/Índia. Pode então ter existido uma zona central de rifte entre a Índia e a Austrália Ocidental, conforme ilustrado na Figura 12. Esta figura mostra apenas a localização das zonas centrais de riftes, mas não a sua dimensão. A Bacia de Carnarvon é inferida como fazendo parte da zona central do rift, delimitada a leste pelo ombro pré-cambriano de Pilbara. As falhas de tendência N-S viradas para oeste presentes nas margens orientais da Bacia de Carnarvon e na sub-bacia de Barrow (Ilha Sholl, sistemas de falhas Deepdale) a norte (GSA, 1971; Kirk, 1985) marcam provavelmente o limite oriental da zona central do rift. As zonas de fratura (FZ) que compensam o eixo do rift são desenhadas de acordo com as características tectónicas de afloramento no oeste e sul da Austrália. Por conseguinte, a Austrália e a Índia/Madagáscar/África eram blocos conjugados. Também os fragmentos continentais asiáticos têm de ser acrescentados ao puzzle. As bacias de riftes distantes, como as que se encontram na África Oriental, Madagáscar, Índia e noroeste da Austrália, pertenciam à região afetada pela extensão continental.

A orientação invulgar NW-SE do graben de Anza no Quénia, em comparação com as outras depressões do Paleozoico tardio na Tanzânia, Madagáscar e Índia, deve-se presumivelmente à evolução anti-horária do rifting na sua última fase. Presume-se que o graben de Anza tenha sido criado durante o PRP e que tenha então idade do Permiano Médio, muito mais jovem do que os formados na Tanzânia, Madagáscar e Índia. A sua orientação é uma indicação da direção da abertura oceânica subsequente. A ocorrência de tectónica relacionada com o PRP pode explicar como se formou a junção tripla (tectónica em Y) entre fragmentos continentais destacados entre a África Oriental e Madagáscar. O estilo tectónico da junção tripla pode ter existido também no leste da Índia, onde o braço direito se situava entre o Tibete e a Austrália e o braço esquerdo entre a Índia e o Tibete, este último orientado NW-SE.

VI.   2 Época mesozóica:

A inclinação off-4°N é a impressão digital da deslocação para sudeste de Madagáscar, uma vez que esta última se separou da África Oriental durante as fases de rifting do

Triásico Superior e do Liásico. A Figura 14 ilustra a deslocação cumulativa do bloco Madagáscar/Índia/Antárctida em relação ao bloco da África Oriental durante estas fases de rifting. Uma tentativa de posição do eixo central do rift entre os dois blocos conjugados é mostrada como linhas vermelhas cortadas por FZ maiores e menores. Os limites do bloco entre a Somália e Madagáscar são traçados com base nas linhas de contorno batimétricas actuais nas bacias offshore de Morondava e Majunga. Verifica-se que a fronteira continente/oceano alinha regionalmente os contornos batimétricos entre 2500 e 3000 metros. Os dados sísmicos marinhos que existem na área adjacente à Crista Davie revelam a presença de sedimentos Karroo com blocos de falhas tipicamente inclinados entre 7,0 e 8,0 segundos de tempo de viagem bidirecional até à latitude 16°15'S, que se situa perto da atual latitude 0° na Figura 14. Os centros de riftes falhados mostrados em linhas de cor verde foram definidos na latitude 19°S na bacia de Morondava e na bacia de Diego offshore entre o Banco Leven e a terra principal, respetivamente. Isto evidencia que as correntes de convecção do manto atingiram em alguns locais as bacias ocidentais de Madagáscar na fase inicial do rifte, mas depois reajustaram gradualmente a sua posição em direção à África Oriental.

A deslocação de Madagáscar para sudeste em relação à Tanzânia foi controlada por uma FZ importante ao longo da vertente off-10°S. É aqui designada por FZ de Mtwara. Pode ter existido uma outra entre o porto da cidade de Dar Es Salaam e a ilha de Zanzibar. A falha de Ilovo em Madagáscar confina com esta FZ na zona offshore perto da latitude 8°S. Numerosas falhas de deslizamento de ataque (ou de chave inglesa) formaram-se durante as actividades de rifting e foram criadas pela deslocação lateral diferencial de blocos ao longo da FZ que deslocam o eixo central do rift. A deslocação lateral global de Madagáscar em relação a África é de cerca de 112 km durante a primeira e a segunda fases de rifting. Estas tiveram aproximadamente a mesma direção (NW-SE) e duração, mas não a mesma taxa de extensão. A segunda fase foi muito mais poderosa e gerou um movimento extensional importante das placas e mais calor do que a anterior.

A subida das correntes de convecção do manto é um processo intermitente. Após alguns milhões de anos de paroxismo, as suas actividades de afloramento diminuíram consideravelmente durante um período de tempo relativamente longo, antes de surgir uma nova fase de actividades tectónicas. O período intermédio entre os fenómenos de rifting ativo é caracterizado por um colapso progressivo da crosta, em resultado da retirada das correntes de convecção e da contração da crosta arrefecida. O evento de rifting ativo e a subsequente subsidência formam um par cíclico de fenómenos que se repetem durante as sucessivas fases de rifting, excluindo o PRP. Apenas a magnitude dos acontecimentos relacionados faz a diferença entre os ciclos.

A FZ de Mtwara marca a extremidade direita da crista Gunnerus na Antárctida Oriental. O Sri Lanka foi implantado adjacente a esta crista no seu lado norte. A bacia de Mandawa, no sudeste da Tanzânia, e a bacia de Ruvuma, no nordeste de Moçambique, foram inicialmente formadas durante a fase de rifting do Triássico e constituem, de facto, uma única bacia que se estende da Tanzânia a Moçambique, onde termina contra uma grande ZF a 12°S de latitude. As águas marinhas do Jurássico Médio não chegaram ao sul da região do rift até esta latitude e desenvolveram a deposição de sal (Salman et al., 1994). Mais a sul, a margem continental controlada pelo rift esconde sedimentos não mais antigos do que o Cretácico (Mougenot et al., 1986).

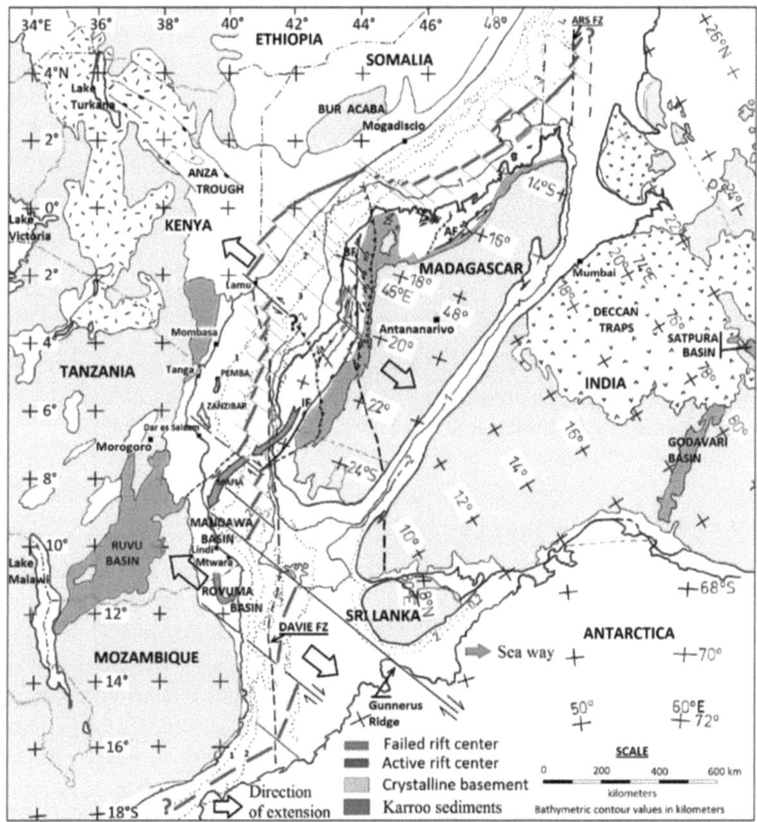

Figura 14: Paleoposição de Madagáscar no final da fase de rifting do Caloviano inicial. Ver Figura 13 para a legenda.

VI. PASSAGEM PARA O PERÍODO DE DERIVA.

Entre a Tanzânia/Moçambique e Madagáscar, a região central do rift criou zonas de fraqueza na crosta continental, facilitando a deslocação de Madagáscar ao longo da FZ Davie. As falhas de transformação conhecidas como Dhow FZ, VLCC FZ e ARS FZ desenvolveram-se paralelamente à Davie na costa distal da Somália (Coffin & Rabinowitz, 1987). Deviam ser linhas rectas orientadas N-S, mas acontece que mudaram de orientação para 6 graus NNE-SSW devido à compressão para oeste e sudoeste durante o Cretáceo e à criação da Crista Central Indiana (CIR) e da Crista de

Carlsberg no Terciário.

A curvatura para oeste da ZF de Davie a 11°S de latitude é causada por constrangimentos compressivos que prevaleceram no lado sul de uma ZF dextral que corre entre Madagáscar e o Planalto de Farquhar através das Ilhas Comores até à bacia de Ruvuma. Esta ZF teve a sua origem no CIR, onde se ligou a falhas de transformação com inclinação para a direita que correm a leste do Banco Saya de Malha (Seychelles). A presença de imponentes cristas vulcânicas do Cretácico ao longo da ZF de Davie pode ter evitado a subducção da parte da Bacia da Somália a sul da ZF das Comores sob o continente africano. No entanto, as falhas de impulso de tendência N-S presentes na Bacia de Moçambique a oeste da ZF de Davie testemunham a prevalência de compressão durante a criação da CIR.

AGRADECIMENTOS

O autor agradece ao Sr. B. Rasoanaivo, Diretor Geral da OMNIS e à Sra. L. Ranorosoa, Chefe da Direção de Hidrocarbonetos, pela sua autorização de acesso aos arquivos da Omnis e pela disponibilização de dados de exploração para ilustrar este trabalho.

CONCLUSÃO

As actividades tectónicas do Paleozoico tardio ao Mesozoico em Madagáscar podem ser classificadas em dois períodos distintos de rifting de direção oposta de extensão separados por um período relativamente longo de quiescência tectónica. O primeiro período de rifting começou no Carbonífero Superior e terminou no início do Permiano Superior. Gerou meio grabens de baixo para oeste, delimitados por falhas de tendência NW-SE, indicando a sua origem a leste de Madagáscar/Índia, dentro de uma zona central de rift localizada entre a Índia e a Austrália. A extensão continental é inferida como tendo precedido a criação do Oceano Neo-Tethys a norte. A erosão do calcário Vohitolia do Pérmico Médio em Madagáscar é atribuída a uma fase precursora de rifting (PRP) na direção NNE-SSW que conduziu à rutura final aproximadamente na mesma direção. A extensão crustal associada à PRP gerou a calha de Anza no Quénia. O segundo período de rifting ocorreu entre o Leste e o Oeste do Gondwana e compreende três fases distintas iniciadas respetivamente no Triássico Superior, no Liássico e no Caloviano Médio, marcadas por erosão e mudanças de fácies sedimentares. As duas primeiras fases tiveram uma direção extensional NW-SE. A fase de rifteamento do Caloviano Médio actuou como o precursor que impulsionou a extensão até à rutura final na direção N-S no Oxfordiano Inicial. A existência do PRP era previamente desconhecida. Deve ser considerada como parte integrante da história tectónica das bacias sedimentares.

REFERÊNCIAS

Acharyya, S.K., 2000: Quebra do bloco Austrália-Índia-Madagáscar, abertura do Oceano Índico e acreção continental no Sudeste Asiático, com especial referência às características das zonas de colisão Peri-Índia. Gondw. Res., Vol. 3, No. 4, p. 425-443.

Bésairie H., 1969: Carte géologique, Feuille Morondava N°6, échelle 1/500000.

Bésairie, H. & Collignon, M. 1972: Géologie de Madagascar: les terrains sédimentaires. Annales Géologiques de Madagascar, Fascicules N°XXXV.

Coffin, M.F., 1990: As margens da África Oriental e de Madagáscar: Stratigraphy, Structure and Tectonics. Primeiro Seminário Petrolífero do Oceano Índico, Seychelles, p. 325-344.

Coffin, M.F. & Rabinowitz, P.D., 1987: Reconstrução de Madagáscar e África: Evidências da Zona de Fratura de Davie e da Bacia da Somália Ocidental. J. Geophys. Res. Vol. 92: p. 9385-9406.

Collins, Alan S; Pisarevsky, Sergei A, agosto de 2005: Amalgamando o Gondwana oriental: A evolução dos Orogénios Circum-Indianos. Earth-Science Reviews 71 (3-4): p. 229-270.

Conoco, Nov.1972: Relatório geológico de conclusão de poço da Continental Oil Company of Madagascar. Omnis Ref. N° 5001.

Eyles, N., Mory, A. J. & Backhouse J., 2002: Permian-Carboniferous palynostratigraphy of the west Australian marine rift basins: resolving tectonic and eustatic controls during Gondwanan glaciations. Palaeogeogr., Palaeoclim., Palaeoecol., Vol. 184, No.3-4, p. 305-319.

Fabien, M.F., 1992: Mapas de contorno temporal do Dogger superior e do subsolo superior na Bacia de Majunga. Relatório mensal de progresso, SEDM, junho de 1992. Omnis Ref. N° SH 0101.

Fabien, M.F., 1997: A Geologia de Subsuperfície da Sub-bacia de Sakaraha, Sul de Madagáscar. In: Actes des Journées Scientifiques sur le Rifting Malgache, p. 56-78. Universidade de Madagáscar (Ed.).

Flores, G., 1972: A junção tripla do SE de África e a deriva de Madagáscar. J. Petr. Geol. 7(4): p. 403418.

Foucault, A. e Raoult J.-F., 1995: Dictionnaire de géologie. Ed. Masson.

Sociedade Geológica da Austrália (GSA), 1971: Tectonic map of Australia and New Guinea, 1/5,000,000. Sydney.

Haq, B.U. et al, Jan. 1987: Gráfico do ciclo Cenozoico e Mesozoico, versão 3.1A.

Illies, J.H., 1981. Mechanism of graben formation. Tectonofísica, 73, p.249-266.

Kirk, R.B., 1985: A Seismic Stratigraphic Case History in the Eastern Barrow Subbasin, North West Shelf, Australia. Em O.R. Berg e D. Woolverton, eds. AAPG Memoir 39, p. 183-207.

Lawver, L.A., Coffin, M.F. e Galahan, I., 1990: The Mesozoic break-up of Gondwana. First Indian Ocean Petroleum Seminar, Seychelles, p. 345-356.

Leeder, M.R. & Gawthorpe, R.L., 1987: Modelos sedimentares para bacias extensionais tilt-block/half-graben. Continental Extensional Tectonics, Geol. Soc. Spec. Pub. No 28, p. 139-152.

Mishra, D.C. & Prajapati, S.K, 2003: A Plausible Model for Evolution of Schist Belts and Granite Plutons of Dharwar Craton, India and Madagascar During 3.0 and 2.5 Ga: Insight from Gravity Modeling Constrained in Part from Seismic Studies. Gondw. Res., Vol. 6, No. 3, p. 501-511.

Mishra, D.C., Kumar, V.V. & Rajasekhar, R.P., 2006: Analysis of airborne magnetic and gravity anomalies of peninsula shield, India integrated with seismic and magnetotelluric results and gravity anomalies of Madagascar, Sri Lanka and East Antarctica. Gondw. Res., Vol. 10 (2006), p. 6-17.

Mougenot, D. et al., junho de 1986: Extensão para o mar do Rift da África Oriental. Nature Vol. 321, p. 599-603.

Radelli, Luigi, 1975: Geologia e Petróleo da bacia de Sakamena, República Malgaxe (Madagáscar). Boletim da AAPG, Vol. 59, No.1 (Jan. 1975), p. 97-114.

Raval, U. & Veeraswamy K., 2003: Separação Madagáscar-Índia: Breakup along a Pre-existing Mobile Belt and Chipping of the Craton. Gondw. Res., Vol. 6, No. 3, p. 467-485.

Rabinovitz, P.D., Coffin, M.F. & Falvey, D., 1983: A separação de Madagáscar e África. Science 220 (4592): p. 67-69.

Rajaomazava, Félix, 1991: Etude de la subsidence du bassin sédimentaire de Morondava (Madagascar) dans le cadre de l'évolution géodynamique de la marge est-africaine. Tese de Doutoramento. Univ. Scien. & Techn. Montpellier 2, 204 p.

Reeves, Colin V., Karanja, F.M. e Macleod, I.N., 1986: Geophysical evidence for a failed Jurassic rift and triple junction in Kenya. Earth Planet. Sci. Lett., 81 (1986/87), p. 299-311.

Reeves, Colin V., 1999: Características aeromagnéticas e gravitacionais do Gondwana e a sua relação com a desagregação continental: mais peças, menos puzzle. J. Afr. Earth Sci., Vol. 28, No.1, p. 263-277.

Royer, J.-Y., 1990: A abertura do Oceano Índico desde o Jurássico Superior: uma visão geral. First Indian Ocean Petroleum Seminar, Seychelles, p. 169-185.

Salman, G., Abdula I., 1994: Desenvolvimento das bacias sedimentares de Moçambique e Ruvuma, ao largo de Moçambique. Sed. Geol. Vol. 96 (1995), p. 7-41.

SPM, Nov. 1963: Rapport géologique de fin de sondage. Sociedade dos Pétroles de Madagáscar. Omnis Ref. N° 3803.

Wernicke, B. e Burchfiel, B.C., 1982: Modo de tectónica extensional. J. Str. Geol., Vol.4, No.2, p. 105115.

Wopfner, H., 1994: The Malagasy rift, a chasm in the Tethyan margin of Gondwana. J. SE Asian Earth Sci., Vol. 9, No.4, p. 451-461.

Worku, Tamrat and Astin, Timothy R., 1991: The Karoo sediments (Late Paleozoic to Early Jurassic) of the Ogaden basin, Ethiopia. Sed. Geol., Vol.76 (1992), p. 7-11.

<u>CAPÍTULO II</u>

MOVIMENTOS TECTÓNICOS DE PLACAS NO OCEANO ÍNDICO

INTRODUÇÃO

O objetivo deste estudo é estabelecer uma abordagem precisa e contínua dos processos geodinâmicos que construíram o Oceano Índico. A história da divisão do Gondwana Oriental estendeu-se desde o Cretáceo Inferior até ao presente e envolveu vários fragmentos continentais destacados, como a Antárctica Oriental, a Austrália, a Índia, Madagáscar e as Seychelles. Como a extensão da crosta terrestre precedeu a desagregação dos continentes, formaram-se novas massas de terra entre eles. Aconteceu que estas sofreram uma segunda fase de extensão e ficaram isoladas entre as crostas oceânicas, formando planaltos submarinos profundos e elevações consideradas como massas de terra achatadas e finas. Isto implica muitas peças no puzzle. A última pode expandir-se, comprimir-se, rodar e mudar de forma e direção ao longo dos tempos geológicos, com novos componentes adicionados, tais como zonas de fratura, pontos quentes, montes submarinos vulcânicos, zonas de impulso, etc. A extinção provocada pelo "salto" das cristas médio-oceânicas é um fenómeno comum. As causas são numerosas e podem ser a colisão de placas, a rotação de placas à deriva ou a interação lateral entre correntes de convecção adjacentes de direção diferente. Este artigo baseia-se na consideração de que apenas uma onda de correntes de convecção N-S existiu para formar o Oceano Índico. Este exercício complexo requer a necessidade de um grande número de dados, tais como a geologia de afloramento, artigos publicados, mapas de contorno do nível do mar, imagens de satélite do fundo do mar do Google, dados paleomagnéticos de crostas oceânicas expandidas, registos de terramotos, etc. É bom saber que a posição de Madagáscar em relação a África sofreu alterações não resolvidas causadas pela compressão durante a criação da Bacia de Mascarene e da Crista do Índico Central. A delimitação das fronteiras continente/oceano torna-se incerta quando estão em causa fragmentos relacionados com as fendas, tais como planaltos e elevações submarinas. Além disso, as imperfeições da cartografia global não podem ser ultrapassadas, especialmente quando os continentes divergentes estão muito distantes uns dos outros. A utilização de um computador com um software adequado permitiria posicionar os continentes com precisão na superfície esférica do globo, em vez de o fazer num plano, como se faz nas ilustrações. O presente documento descreve os principais acontecimentos geodinâmicos, salientando a relação causa-efeito, uma cronologia contínua e a cinemática relativa das placas. Nas figuras apresentadas neste trabalho, a África é considerada fixa em relação aos fragmentos destacados.

28

FRAGMENTAÇÃO DO LESTE DO GONDWANA

Cinco períodos de reorganização de placas, datados respetivamente do Hauteriviano, do Aptiano Primitivo, do Cenomaniano Médio, do Eoceno Médio e do Mioceno Médio, caracterizaram a história de fragmentação do Leste-Gondwana, sendo dois deles precedidos pela rotação anti-horária do bloco continental em deriva e os outros pela colisão de placas contra a Eurásia.

A. PERÍODO 1 (Figuras M1 a M3).

O Gondwana Oriental (EG) começou a deslocar-se para sul, afastando-se do Gondwana Ocidental (WG) no início do Oxfordiano, a ~156 Ma. Estes movimentos de placas foram controlados por três ramos de correntes de convecção do manto ascendente N-S (UMCC). Os ramos ocidental e central dividiram o Gondwana em duas partes, enquanto o oriental gerou o Oceano Neo-Tethys. A ZF de Davie actuou como uma grande falha de transformação que separou a Bacia de Moçambique (MB) a oeste e a Bacia da Somália (SB) a leste.

A trajetória de deriva do EG começou a inclinar-se para sul-sudeste depois de percorrer 930 km de distância da África Oriental. Este é o efeito da interação das correntes de convecção E-W que acabaram de iniciar uma abertura oceânica a oeste da Bacia de Moçambique associada à separação da placa de África da América do Sul. A abertura do Atlântico Sul começou a partir do sul com a criação de dois eixos de cristas separados pela falha de transformação Agulhas-Falkland, estando a crista sul localizada ao largo da África do Sul. Este evento é datado no Hauteriviano em M10 (Royer, 1990). Diferentes autores datam-no em 130 Ma (Rabinowitz et al., 1983, Coffin & Rabinowitz, 1987, Lawver et al., 1990) ou em 131,9 Ma (Marks & Tikku, 2001). Neste trabalho, a data de 133,5 Ma é mantida como interpretada a partir das curvas eustáticas globais (Haq et al., 1987). A fase de rifting pré-rutura é datada no Hauteriviano Inferior em 135,5 Ma. As correntes de convecção E-W sul-africanas desviaram o curso do EG para cerca de 12° a sudeste. Isto resultou na rotação anti-horária do EG, dando origem a constrangimentos compressivos nas regiões oceânicas do norte do Neo-Tethys. Madagáscar sofreu uma rotação de cerca de 16° no sentido contrário ao dos ponteiros do relógio. As cristas Neo-Tethys fecharam-se progressivamente de leste para oeste, tendo depois "saltado" para sul. O evento de rifting associado foi marcado por inconformidades erosivas regionais datadas do Hauteriviano Inferior de acordo com a geologia de afloramento em Madagáscar (Besairie, 1972) (Figura 1). O aparecimento de carbonatos marinhos no Hauteriviano Superior (Figura 2) indica uma deposição pós-rutura. Os saltos das cristas e as aberturas oceânicas eram fragmentados e repetitivos (Powell et al., 1988). Os segmentos de cristas foram responsáveis pelo desprendimento para norte de vários fragmentos continentais do noroeste da Austrália e do nordeste da Índia. A abertura começou recentemente em M4 na Austrália Ocidental e em M3 no norte do Planalto de Naturaliste (Royer, 1990).

Presume-se que tenha ocorrido uma abertura oceânica entre o norte da Índia e o Irão durante um período de tempo limitado antes de M0. O momento deste acontecimento tectónico de placas é uma questão de adivinhação. No entanto, a separação das placas começou provavelmente em M2, logo após o afastamento do Tibete da Índia/Austrália Ocidental, e cessou em M0, em simultâneo com a Bacia da Somália. Isto sugere a existência de uma crosta oceânica com cerca de 250 km de extensão entre a Índia e o Irão. A SB deixou de se espalhar no Cretáceo Inferior aos 115 Ma (Segoufin & Patriat, 1980) ou aos 120,4 Ma (Marks & Tikku, 2001). A taxa média de deriva total do EG foi de 58 mm/ano, considerando a data de cessação da deriva do SB em 122,0 Ma (conforme interpretado por Haq et al., 1987) no Aptiano Inferior.

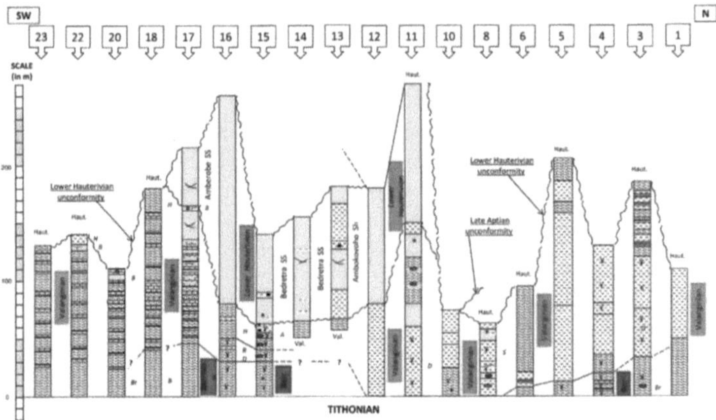

Figura 1: Correlação dos sedimentos de afloramento do Berriasiano até ao Hauteriviano Inferior na Bacia de Majunga, noroeste de Madagáscar (Localização das secções transversais na Figura 1a e legenda na Figura 1b).

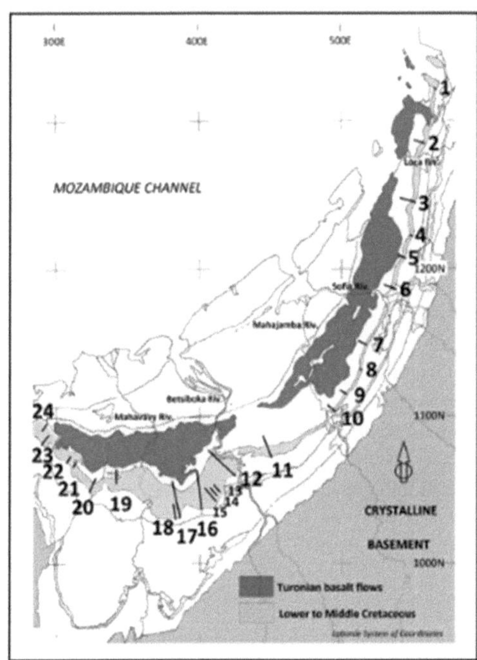

Figura 1a : Localização das secções geológicas na Bacia de Majunga (segundo Besairie, 1972).

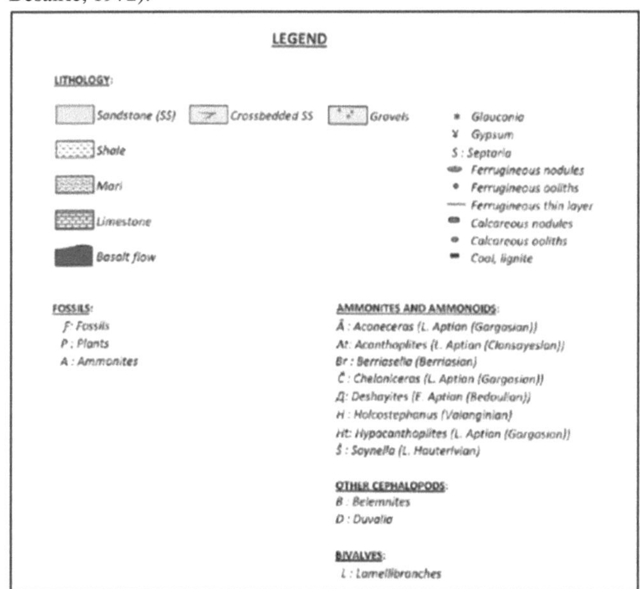

Figura 1b: Legenda da Figura 1.

B. PERÍODO 2 (Figuras M4 a M9).

Eventos de riftes aptianos.

As UMCC centrais foram divididas em dois braços que desenvolveram separadamente
actividades tectónicas em duas regiões distintas. O primeiro braço partiu da Bacia da
Somália na Região 1, localizada entre a Índia e o Sri Lanka/Antárctica Oriental, e iniciou
actividades de rifting em leque durante o Aptiano Inferior, estando o Sri Lanka ligado à
Antárctica Oriental. Como resultado, a rotação anti-horária do bloco Sri Lanka/East-
Antarctica/Austrália acentuou-se, dando origem a saltos de cristas para norte na região
de Tethys (Figuras M4 e M5). O segundo braço deslocou-se do norte da Índia para a
Região 2, localizada entre a Índia e a Antárctida Oriental. As actividades de rifting nesta
região não se desenvolveram completamente, uma vez que a compressão induzida pela
rotação ainda prevalecia. O CCUM sul-africano começou a reduzir a interação com o
EG no final desta primeira fase de rifting. A diminuição da relação conflituosa entre as
regiões central e de Tétis reforçou o efeito de empurrão para sul do UMCC oriental,
levando à inversão da rotação do bloco Antárctica Oriental/Austrália. A segunda fase
de rifting foi acompanhada por uma rotação de 7° no sentido dos ponteiros do relógio
deste último. Uma grande zona de fratura (FZ) separou a Região 1 e a Região 2.

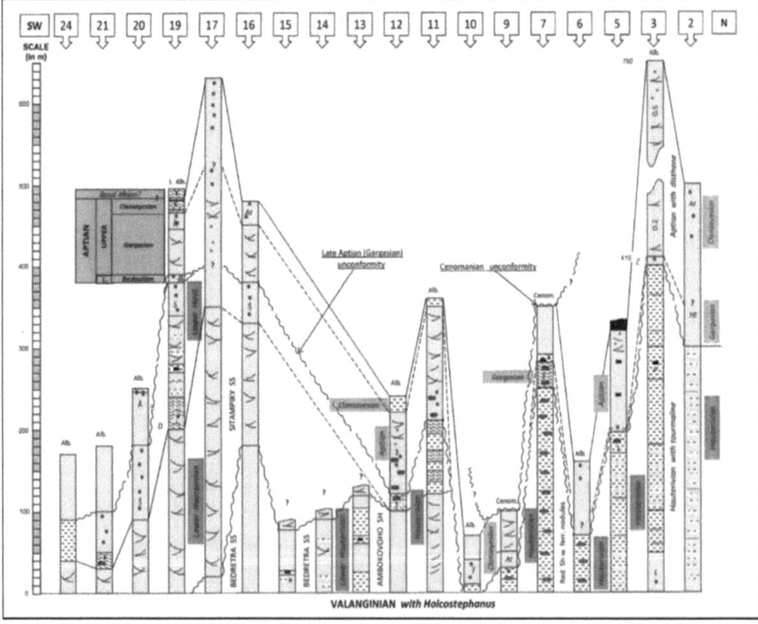

Figura 2: Correlação dos sedimentos de afloramento do Hauteriviano até ao Aptiano na
bacia de Majunga (Localização das secções transversais na Figura 1a e legenda na
Figura 1b).

A geologia de superfície em Madagáscar mostra um evento de inconformidade erosiva
datado do Gargasiano (Aptiano Superior) presumivelmente relacionado com a fase de

rifting pré-rutura (Figura 2) nas regiões centrais.

Estas actividades aptianas iniciaram o estabelecimento do supercrono C34 de anomalia positiva de longa duração, caracterizado pela ausência de inversões do magnetismo terrestre. Esta situação manteve-se inalterada até que a propagação oceânica regional começou a inverter-se no Período 3.

Actividades tectónicas de placas na Região 1.

Os movimentos tectónicos de placas na Região 1 foram marcados pela primeira vez pelo rifting em forma de leque entre a Índia e o Sri Lanka/Este-Antárctica (primeiro período de rifting). Tratou-se da combinação de uma translação de 174 km e de uma rotação de 26 graus no sentido contrário ao dos ponteiros do relógio, centrada num ponto situado perto da cidade de Pondicherry. Esta translação sugere a existência de um tectonismo extensional de baixa taxa entre a Índia e a Antárctica Oriental, apesar da prevalência da compressão induzida pela rotação. O movimento de translação do Sri Lanka para longe da Índia tomou uma direção de 24°SE, utilizando o mapa atual da Índia/Sri Lanka. Corresponde a ~20° de direção SW na época Aptiana, desde que a orientação N-S de África não tenha mudado muito desde então. As actividades de rifting foram retomadas posteriormente entre a Índia/Sri Lanka e a Antárctida Oriental (segundo período de rifting). Os movimentos das placas foram caracterizados por uma série de saltos de cristas para sul, começando com a extensão continental entre o Sri Lanka/Planalto de Madagáscar do Sul (SMP) e o bloco do Planalto de Croset/Del Cano Rise/Este da Antárctida (terceiro período de rifting). Posteriormente, o centro de rifte retomou entre o Planalto de Croset/Del Cano Rise e a Antárctica Oriental (quarto período de rifte). O salto seguinte da crista ocorreu entre o Planalto de Croset/Del Cano Rise e a Antárctica Oriental, resultando na formação da Crista de Conrad, relacionada com a fenda, e depois na criação de uma crosta oceânica com cerca de 300 km de largura. Mais uma vez, a crista saltou mais para sul entre a elevação de Conrad e a Antárctica Oriental, criando uma abertura oceânica em forma de leque que formou a Bacia de Enderby Ocidental (WEB). Estes repetidos fechos e saltos de cristas foram o resultado da situação de conflito entre as Regiões 1 e 2 induzida pela rotação no sentido dos ponteiros do relógio da Antárctica Oriental/Austrália.

Actividades tectónicas de placas na Região 2.

A extensão continental na Região 2 levou à criação de massas continentais de base achatada entre a Índia e a Antárctica Oriental, que compreendiam o Planalto de Kerguelen-Heard (KHP) e o Planalto de Broken Ridge (BRP). A abertura oceânica subsequente ocorreu a partir de leste na direção norte-sul (criação da Baía de Bengala), acompanhada pela rotação no sentido dos ponteiros do relógio do bloco Antárctica Oriental/Austrália. Este evento é presumivelmente datado no Clansayesiano (Aptiano Superior) correspondendo ao aparecimento de deposição marinha na Bacia de Majunga (Figura 2).

Encurralamento da Antárctica Oriental na Região Polar Sul:

À medida que a abertura em leque da WEB primitiva se desenvolveu, o bloco Antárctica Oriental/Austrália rodou no sentido contrário ao dos ponteiros do relógio, forçando as cristas médio-oceânicas na Baía de Bengala a fecharem-se. Estas cristas saltaram depois para sul e juntaram-se às da WEB. As correntes de convecção nas regiões 1 e 2 ligaram-se pela primeira vez. A expansão da WEB para leste acelerou, assim como a rotação anti-horária da Antárctica Oriental/Austrália. Como resultado, as cristas médio-oceânicas no Oceano Tétis também se extinguiram. Este encerramento das cristas marcou definitivamente o fim da deriva para sul da Antárctica Oriental/Austrália.

DISCUSSÕES: *Acredita-se* que o bloco East-Antarctica/Austrália tenha praticamente parado de se deslocar para sul depois de entrar na Região Polar Sul. A existência de forças centrífugas concêntricas no manto superior abaixo da Zona Polar Sul pode explicar o "aprisionamento" do bloco Antárctica Oriental/Austrália. A intensidade destas forças é proporcional à velocidade de rotação da Terra. Este fenómeno natural terá favorecido a formação de correntes de convecção do manto descendente abaixo do Pólo Sul, o que poderá ter forçado as correntes de convecção na WEB a recuar como uma bola de pingue-pongue.

C. PERÍODO 3 (Figuras M10 a M13).

No Cenomaniano Médio, ocorreu uma reorganização geral da tectónica de placas que levou ao desprendimento de fragmentos continentais para norte e nordeste. Os três ramos do UMCC surgiram em diferentes regiões distantes, sem qualquer ligação aparente entre si:

1) Os movimentos de placas na MB recomeçaram entre Madagáscar e a Índia/Sri Lanka numa direção invulgar de rifting WNW-ESE.
2) Mais ou menos na mesma altura, o salto da crista para norte a partir da WEB iniciou a abertura oceânica na Bacia de Enderby Oriental (EEB) em forma de leque. Esta abertura propagou-se em direção a sudeste.
3) As actividades de elevação centradas ao longo do Círculo Polar começaram entre a Antárctida Oriental e o Sul da Austrália.

Aumento das correntes de convecção (CC) entre a Antárctica Oriental e a Austrália.

O rifting entre a Antárctica Oriental e o sul da Austrália começou durante a anomalia positiva do supercrono C34 a **~95** Ma, (Royer, 1990). De acordo com as curvas de mudança eustática (Haq et al., 1987), o seu início e fim são respetivamente datados em 94 Ma e em ~78.5 Ma (Campaniano Inferior, C33), enquanto que a fase de rifting pré-rutura associada é fixada em ~79.5 Ma. Isto resulta numa taxa total de extensão de ~27 mm/ano. O período mais antigo de abertura oceânica foi confinado entre a Terra de Wilkes, na Antárctica Oriental, e a Austrália do Sul, com taxas relativamente baixas, variando de 5,9 a 16,6 mm/ano, aumentando para o interior.

Aumento da CC entre Madagáscar e a Índia.

A extensão continental entre Madagáscar e a Índia começou no Cenomaniano Médio na direção 7° WNW- ESE. As falhas de extensão relacionadas observadas à superfície correm geralmente paralelas à linha da costa leste com uma orientação de cerca de 20° NNE-SSW. O eixo central do rift chocou com uma FZ no sul de Madagáscar/Sri Lanka. No final das actividades de rifteamento no início do Campaniano, as Seychelles/Índia foram deslocadas para cerca de 420 km em relação a Madagáscar, permitindo uma taxa de extensão total de ~25 mm/ano. A atual fronteira continente/oceano (COB) está localizada a uma distância média de 150 km da costa leste de Madagáscar. Não é uma linha reta como anteriormente adoptada, mas tem uma forma de dente de serra (Figura 3).

A expansão oceânica ocorreu em duas fases. A primeira fase começou logo após as últimas actividades vulcânicas relacionadas com as fendas em Madagáscar, datadas do início do Campaniano, com base na análise paleontológica de amostras de rochas aflorantes (Besairie, 1972). Tomou uma direção de 29 graus NE-SW e terminou no Maastrichtian tardio em C31 (~70.4 Ma). O eixo de expansão era limitado a sul pela ZF de Mascarene, localizada entre o SMP e o Planalto de Closet. Esta ZF era uma fratura litosférica lateral direita que separava uma placa em movimento no seu lado norte de uma placa estática no lado sul. Marcava o limite sul da Grande Bacia do Mascarenhas (GMEB). A segunda fase de espalhamento começou quando a Bacia de Croset (CB) começou a formar-se em C31, tomando uma direção 55° NNE-SSW. Os constrangimentos compressionais prevaleceram na GMEB, uma vez que esta última sofreu uma colisão lateral com a CB em forte expansão.

Dispersão de cristas no EEB. Formação das bacias de Elan e Wharton.

Os movimentos de placas no EEB mostraram uma complexa dispersão de cristas, provavelmente contemporânea da rutura entre a Antárctica Oriental e a Austrália, datada de C33. A interação entre as duas bacias de espalhamento, que apresentam uma diferença de 42 graus na orientação das cristas, provocou a cessação da progressão da EEB para sudeste, transmitida por uma série de saltos para norte e uma propagação da crista para noroeste (Figura M12), como se descreve a seguir:

1) O primeiro salto de crista para norte teve origem na calha da Princesa Isabel e formou a Bacia de Wharton Oriental (EWB) em C33 no norte do KHP/BRP meridional.

2) A FZ Elan lateral direita dividiu o KHP/BRP em duas partes durante a criação da Bacia de Elan em C32 como resultado de saltos de cristas para norte até ao limite norte da EEB. Os movimentos das placas recomeçaram depois no COB norte do KHP/BRP em C31 e formaram a Bacia de Wharton Ocidental (WWB). O hotspot Kerguelen, relacionado com a fenda, provavelmente surgiu em C32 antes de mudar de lugar para COB e gerou a Crista Ninetyeast durante a expansão oceânica. A FZ de Elan separa a EWB da WWB.

3) Uma propagação de crista em direção a noroeste apareceu em C32 a partir da parte ocidental do EEB. Esta inversão da propagação da crista é única na história da tectónica de placas do Oceano Índico.

O WB ficou curvado para leste durante a sua expansão para norte devido à interação com o GMEB em expansão para nordeste de C33 a C29.

Propagação para noroeste das correntes de convecção de Enderby (ECC).

A progressão do CCE para noroeste manifestou-se pela seguinte ordem (Royer, 1989):

1) Aceleração da propagação oceânica a leste da elevação de Conrad em C32.
2) Início da propagação oceânica no norte do Planalto de Croset em C31.

3) Abertura da Bacia de Madagáscar (MRB) a C30.

4) Fundem-se com as correntes de convecção "saltadas" do Mascarenhas em C29.

5) Rifting entre as Seychelles/MP e a Índia de C29 a C28.

6) Propagação oceânica entre as Seychelles/MP e a Índia e abertura do Mar Arábico de C27 a C18/19. A propagação da crista mais para noroeste formou o Golfo de Omã e o Golfo Pérsico antes do fecho da crista C18/C19.

A velocidade de propagação da crista é estimada em aproximadamente 290 mm/ano entre o oeste do EEB e o MRB.

A expansão para nordeste do GMEB estava em curso enquanto o ECC atingia a ZF do Mascarenhas. A diferença de 26° entre as direcções de espalhamento gerou constrangimentos compressivos para norte na GMEB, levando ao fecho das suas cristas médio-oceânicas provavelmente em C31 (~70 Ma) na sua região mais a sul e em C29 (~65.6 Ma) na Bacia de Mascarene (MEB). A FZ de Croset, que delimitava a CB a oeste, atingiu a GMEB a partir do sul e cortou a FZ de Mascarene em dois segmentos. A ZF do Mascarenho deixou de controlar a deriva da Índia para norte. Os CC e ECC do sul do GMEB "fundiram-se" em C30 (primeiro passo da fusão). A "soma" destes CC assegurou a expansão da MRB, limitada a sul pela ZF do Mascarenhas e a norte pela ZF das Maurícias. A direção de expansão é considerada como a resultante da CB e da GMEB. Durante a criação do MRB, a crosta oceânica mais a sul do GMEB (formada entre C33 e C31) foi empurrada para nordeste, foi comprimida em direção à ZF de Croset e pertenceu, a partir daí, ao bloco Seychelles/Índia. Apesar da forte diferença de ângulo de trajetória entre as fracturas das Maurícias e de Croset, estas nunca se cruzaram e deram ao MRB uma forma de funil curvo à medida que se expandia para nordeste. Durante a abertura da MRB, o MEB foi por sua vez comprimido e fracturado, como mostra a Figura 3. Esta é a segunda fase de compressão no GMEB. F1a e F1b tenderam para norte e atravessaram as cristas médio-oceânicas. Outra fratura F1c abriu a COB ao largo do sul da Índia e criou o hotspot das Maurícias. Registam-se cerca de 30 km de deslocação lateral esquerda ao longo da F1a, enquanto se estima que sejam 25 km ao longo da F1b. Estes movimentos controlados por falhas comprimiram as cristas médio-oceânicas MEB, levando à sua extinção em C29, data após a qual as actividades tectónicas de placas foram retomadas entre as Seychelles e a Índia. As cristas MRB, que herdaram o processo de propagação para noroeste, juntaram-se às cristas MEB "saltadas" e fundiram-se com estas últimas (segunda etapa da fusão).

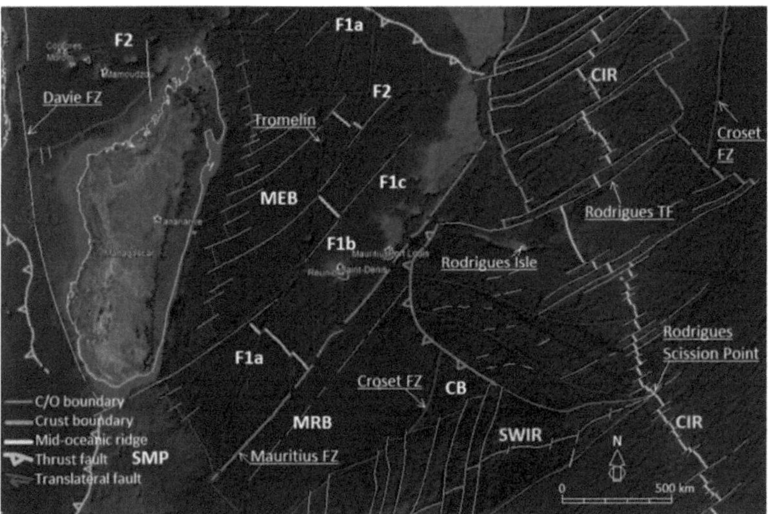

Figura 3: Instalação por compressão lateral de fracturas com tendência norte-sul (F1a, F1b, F1c, etc.) na Bacia de Mascarene (MEB) de C30 a C29. MRB Bacia de Madagáscar, CIR Crista Central Indiana, SWIR Crista Sudoeste Indiana, SMP Planalto Sul de Madagáscar, CB Bacia de Croset.

Actividades vulcânicas e hotspots.

O hotspot das Maurícias e o seu rasto de montes vulcânicos submarinos (Nazareth Bank e o Arquipélago de Chagos) surgiram durante o período de expansão do MEB de C30 a C29. Os movimentos de placas recomeçaram depois entre as Seychelles/MP e a Índia, desenvolvendo uma extensão crustal controlada pela "fusão" dos CC saltados do MEB e dos MRB que se propagam para noroeste. Surgiu um megahotspot no centro-oeste da Índia que gerou tremendos derrames vulcânicos (armadilhas do Decão). O vulcanismo também ocorreu no MEB com o nascimento do hotspot da Reunião e dos montes submarinos (Ilha de Tromelin) através de fracturas reabertas. O hotspot da Reunião não gerou vestígios de montes submarinos, uma vez que se formou numa crosta oceânica que se encontrava numa posição estática. O hotspot Deccan foi extinto logo após a abertura oceânica entre as Seychelles e a Índia. Mudou de lugar para o sudoeste da Índia, fundiu-se com a crista recém-formada e tornou-se o hotspot Saya de Malha que gerou o Banco Saya de Malha (SMB). À medida que a Índia se afastava rapidamente para norte das Seychelles/MP, o hotspot fez jorrar para o fundo do mar a Crista Laccadive, uma longa cadeia de ilhas vulcânicas e montes submarinos que constituem as Ilhas Laccadive e as Maldivas.

Configuração das Armadilhas de Deccan. Relação com a FZ de Croset e a Crista Laccadive.

As actividades vulcânicas do Decão ocorreram durante a extensão continental entre as Seychelles/MP e a Índia no final do período Cretáceo (KTB). Este rifting é único na história da tectónica de placas do Oceano Índico, uma vez que esteve associado à fusão de duas vagas de UMCC: a CC ocidental e o braço ocidental das centrais. A reabertura das falhas da bacia atravessadas pela ZF de Croset gerou o "super vulcão" Deccan. A boca deste último é bem observada no mapa de anomalias de gravidade Bouguer da Índia (Tiwari et al., 2014). A região do Decão albergou os centros dos mais poderosos vulcões-escudo de todo o Cretácico. Podem ser reunidos numa área circular de cerca de 730 km de diâmetro centrada no ponto (75°E, 19°N) localizado na trajetória da ZF de Croset (Figura M12). Mais a norte, na mesma tendência, são registadas importantes manifestações vulcânicas na região de Vinghya em associação com falhas extensionais (Biswas & Thomas, 1990). Fora do círculo, características semelhantes estão espalhadas por todo o oeste da Índia (as regiões de Kutch e Kathiawar estendendo-se para sul até à plataforma continental ao largo de Bombaim), as bacias de Satpura e Godavari a leste.

A crista Laccadive começou a formar-se a 14°00'N de latitude, a uma distância superior a 700 km a sul-sudoeste do centro do complexo vulcânico Deccan. A recém-formada crista médio-oceânica entre as Seychelles/MP e a Índia gerou constrangimentos compressivos na crosta continental indiana que resultaram no fecho do hotspot. Posteriormente, este saltou para sul-sudoeste, fundiu-se com a crista médio-oceânica e criou o SMB. Durante a deriva da Índia para norte, o FZ de Croset e o rasto vulcânico do hotspot SMB mantiveram-se paralelos um ao outro e nunca se cruzaram.

Paleoposição da Índia e características tectónicas relacionadas.

A ZF de Croset foi a principal caraterística da trajetória de deriva da Índia. De C31 a C29, esta sofreu uma rotação de cerca de 15 graus no sentido contrário ao dos ponteiros do relógio. Funcionando como uma fronteira ativa da crosta entre a CB e a MRB, esta fratura atravessa o Mar Lacadive ao longo de 75°38' de longitude leste, atinge a Índia na cidade de Kollam, a cerca de 11°27' de latitude, 30 km a norte de Calicut, e tende para norte através da Índia ocidental, passando por Shimoga, nos Ghats Ocidentais. Não definida no mapa geológico de superfície da Índia, é no entanto bem observada ao longo do eixo formado pelas cidades de Jammu e Srinagar que atravessam o Vale de Caxemira no norte da Índia. A FZ 75°E, como também pode ser designada, dá origem a uma série de lagos e rios nos Ghats Ocidentais e no norte da Índia.

O rifting entre a Índia e as Seychelles teve a mesma tendência que a ZF de Croset. A Índia foi deslocada para ~266 km norte-nordeste durante o período de tempo que vai de C29 (~66,3 Ma) a C28 (~63 Ma) (Shellnutt et al., 2017) com 80,6 mm/ano de taxa de extensão total. A paleoposição da Índia em relação às Seychelles/MP durante a rutura colocou o SMB em (71°52'E, 14°00'N) que coincide com o ponto de partida da Crista Laccadive. O sul da Crista Laxmi alinhou-se adjacente ao Planalto das Seychelles. A posição mais antiga do hotspot das Maurícias (Arquipélago de Chagos) estava situada a ~430 km a sul-sudoeste do SMB. A Crista Laccadive tendia originalmente paralela à FZ de Croset, mas foi comprimida em direção a esta última durante a abertura da CIR do Terciário Superior.

D. QUARTO PERÍODO (Figura M14).

Reorganização da placa do Terciário tardio.

Após a colisão da Índia/Irão contra a Eurásia no Eocénico Médio a ~45 Ma, C21 (Royer,

1990), as cristas médio-oceânicas no Oceano Índico fecharam-se. Posteriormente, uma nova reorganização tectónica de placas iniciou-se progressivamente de leste para oeste, começando em C18 (~42 Ma) no Eoceno Médio e terminando no Mioceno Médio em C5 (~11 Ma ou 10,6 Ma de Haq et al., 1987):

1) Na região oriental, o oceano que se expande para norte entre a Antárctida e a Austrália acelerou e formou a Crista do Sudeste Indiano (SEIR).

2) Na região central, as duas bacias de Wharton deixaram de se estender no C18/19. As suas cristas saltaram depois respetivamente entre o planalto de Kerguelen Sul e o planalto de Naturaliste e entre o planalto de Kerguelen Norte e a crista de Brocken no Eocénico Tardio em C15 (~38 Ma) (Royer, 1990), como mostra a figura M14. Assim foi criado o braço oriental da CIR. A UMCC oriental (SEIR) e a UMCC central (CIR) foram ligadas pela primeira vez desde a rutura do Gondwana e estão separadas por uma falha de transformação que corta a crista a 106°E de longitude. A UMCC central progrediu para noroeste com a criação da porção ocidental da CIR caracterizada pela Zona de Cisão de Rodrigues, a separação do Arquipélago de Chagos da parte norte do trilho vulcânico das Maurícias por volta de C13 (~35 Ma), a criação da Crista de Carlsberg em C10? (~29 Ma) (Acharyya, 2000) e, finalmente, a propagação oceânica no Golfo de Aden de C5 até ao final do Terciário.

3) As UMCC ocidentais separaram-se das centrais após 24 Ma de história de fusão, formando a Crista do Sudoeste Indiano (SWIR) ao longo do trajeto da porção ocidental da ZF de Mascarene entre a SMP e o Planalto de Croset. Ainda assim, as respectivas cristas médio-oceânicas permanecem ligadas no Ponto de Cisão de Rodrigues (20°30'S, 70°00'E). A criação da SWIR começou em simultâneo com a CIR no Eocénico Superior em C15.

Efeitos da compressão emitidos pelo CIR e pela crista de Carlsberg.

Desde o Eoceno tardio até ao Oligoceno, a Bacia da Somália, Madagáscar, a Bacia do Mascarenhas e o Planalto do Mascarenhas estiveram sob constrangimentos compressivos originados pela CIR e pela Crista de Carlsberg, como ilustrado na Figura 4. Foram geradas várias fracturas dextral, denominadas F2 a F5, da mais antiga à mais recente. As seguintes características podem ser descritas:

1) O bloco composto pelo MEB e Madagáscar deslizou lateralmente para oeste ao lado da fratura F2, que se ligou a leste com uma importante TF do CIR. A F2 cortou o WSB de leste para oeste. O seu deslocamento lateral direito através da Crista Davie é estimado em ~45 km (Figura 5).

2) A massa de terra formada pelo Planalto das Seychelles (SP) e o Planalto de Mascarene (MP) sofreu uma rotação de ~23° no sentido anti-horário centrada na intersecção com a TF de um CIR (Figura 4). A rotação foi controlada pela F3 que corre no lado norte de SP. O processo de rotação foi combinado com uma deslocação lateral direita de cerca de 190 km, permitindo a formação de zonas de empuxo (Fossa de Amirante) nas regiões ocidentais.

3) Os constrangimentos compressionais originados pelo CIR podem ter provocado a extinção do hotspot da Reunião.

4) Duas outras fracturas, F4 e F5, atravessam o WSB de norte para sudoeste. A fratura F4, denominada Chain Ridge por atravessar a WSB, representa a continuação para sul da TF Owen que separa a Crista de Carlsberg (placa indiana) e o Golfo de Aden (placa árabe). A F5 formou-se durante o rifting no Golfo de Aden que começou a ~29 Ma no Oligocénico.

5) O <u>Arquipélago de Chagos</u> estava relacionado com o hotspot das Maurícias, mas ficou alinhado com a Crista Laccadive a sul da SMB durante a abertura da CIR. A nova crista passou a leste do hotspot SMB e cortou em duas partes o Arquipélago de Chagos a 61°E de longitude.

6) Comprimido, o hotspot SMB saltou para sul na ponta ocidental (60°E, 19°S) da TF Rodrigues. Tornou-se o hotspot Rodrigues e desenvolveu um rasto vulcânico submarino a sul da TF Rodrigues durante a expansão do CIR. A crista meso-oceânica e o hotspot fundidos extinguiram-se simultaneamente no Miocénico Médio, em C5. Os hotspots Deccan, SMB e Rodrigues foram gerados pela mesma pluma mantélica. O hotspot Deccan é de origem continental, enquanto o hotspot SMB surgiu no COB da Índia e o hotspot Rodrigues numa crosta oceânica em expansão.

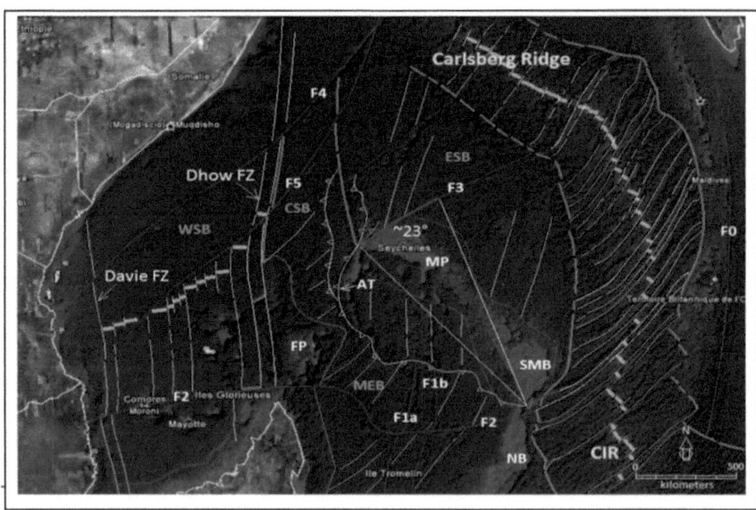

Figura 4: Feições tectónicas causadas pelos constrangimentos compressionais originados pelo CIR a leste e pela Crista de Carlsberg a nordeste. Abreviaturas utilizadas: AT Fossa de Amirante, MEB Bacia de Mascarene, FP Planalto de Farquhar, MP Planalto de Mascarene, SMB Banco de Saya de Malha, NB Banco de Nazaré, ESB Bacia da Somália Oriental, CSB Bacia da Somália Central, WSB Bacia da Somália Ocidental. F0 Croset FZ.

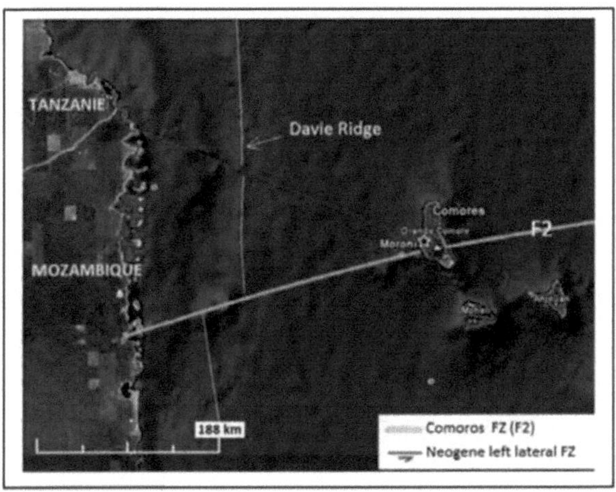

Figura 5: A ZF de Comores (F2) na sua intersecção com a Crista de Davie.

E. PERÍODO CINCO (Figura M15).

Actividades tectónicas de placas no Golfo de Aden, Mar Vermelho e África Oriental.

A partir do Oligocénico (~29 Ma) em C10 (Royer, 1990), um novo desenvolvimento tectónico de placas envolveu as placas Africana e Arábica, levando à formação de riftes no Golfo de Aden na direção nordeste-sudoeste. A propagação oceânica começou no Miocénico Médio em C5. O sistema de riftes da África Oriental foi criado no Miocénico Médio, na direção noroeste-sudeste, em resultado do salto da crista para norte a partir da SWIR. A UMCC recém-criada na África Oriental juntou-se às do Golfo de Aden na Junção Tripla de Afar, com as seguintes placas divergentes em causa: a placa africana (Núbia), a placa somaliana (Corno de África) e a placa arábica. Os diferentes ramos do sistema de Rift Leste-Africano, desde a região de Afar no norte até Moçambique no sul, estão separados por uma FZ lateral esquerda com tendência noroeste-sudeste, mostrada como linhas laranja na Figura 6 (Mougenot et al., 1986). A placa somaliana compreende, de facto, um bloco muito maior que inclui as regiões a leste dos Vales do Rift, a Bacia da Somália, Madagáscar e o Oceano Índico. Em Madagáscar, estas actividades tectónicas geraram várias falhas extensionais viradas para oeste, especialmente nas bacias sedimentares ocidentais e noroeste, nas regiões central (Antsirabe) e oriental (criação do lago Alaotra e da baía de Antongil, separação da ilha de Sainte Marie do continente). Ocorreram importantes erupções vulcânicas (ilhas Barren no oeste de Madagáscar, ilha de Nosy Be e montanha de Ambre no norte, montanha de Ankaratra no centro, etc.). Ocorreram também extensos derrames hidrotermais ricos em ferro. No Oceano Índico, o hotspot da Reunião pode ter sido reativado após uma extinção duradoura de 30 Ma.

As actividades tectónicas das placas da África Oriental e da Arábia já recomeçaram em novos locais e desencadearam uma segunda fase de rifting na direção norte-sul desde o

Pleistoceno (Figura 6). É considerada como o precursor que conduzirá a uma rutura final iminente da crosta. A geologia de superfície em Madagáscar (Besairie, 1972) mostra duas áreas onde se podem observar actividades tectónicas do Quaternário: (1) na região de Tulear, no sudoeste de Madagáscar e (2) na bacia de Diego, no norte de Madagáscar.

O mapa geológico da região sudoeste de Madagáscar mostra fracturas de tendência norte-sul que atravessam as zonas costeiras na direção 15° NNW-SSE (Figura 7). Os dados sísmicos de reflexão marinha confirmam a sua presença a leste da crista Davie em direção paralela à posterior. Evocam a existência de uma placa em movimento para sul a oeste de Madagáscar (placa de Moçambique). Uma grande fratura lateral esquerda que corre ao longo da crista Davie controla estes movimentos, estando os montes vulcânicos Davie incluídos na placa de Moçambique. Curva-se para sul-sudoeste a sul do ponto (25°S de latitude, 44°E de longitude), atravessa a ZF de Davie e junta-se às zonas de fracturação de Prince Edward e Marion do SWIR a 36°E de longitude (Figura 8). Esta zona regista sismos fortes com magnitudes que podem atingir 7,0 na escala de Richter (Wikipedia).

A origem dos movimentos das placas quaternárias na África Oriental é definida na Tanzânia entre as latitudes 8°S e 9°S. Presume-se que uma fenda marcada ao largo da Tanzânia a 8°50'00"S de latitude entre as longitudes 41°00'00"E e 41°30'00"E indica a localização do centro do rift (Figura 9). É a maior de uma série de fendas separadas por falhas de transformação. São formadas na secção sedimentar sobreposta à crosta continental que sofre aquecimento, elevação e alongamento em ambos os lados. Estas correntes de convecção são o resultado de um salto de crista a partir da sua colocação anterior no sistema do Vale do Rift da África Oriental. São consideradas como pertencentes ao **ramo ocidental** da UMCC. A fronteira ocidental da placa de Moçambique é sugerida como tendo uma tendência ao longo dos grabens da África Oriental que correm aproximadamente ao longo da longitude 35°E a sul da latitude 9°S em direção à zona offshore sul de Moçambique.

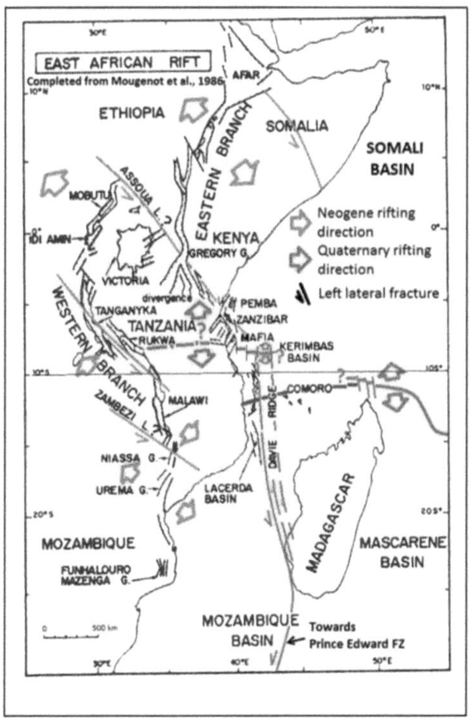

Figura 6: Fase de rifting do Neogénico (a laranja) que levou à criação do Sistema de Rift da África Oriental. As características do rifteamento pré-rutura do Quaternário são mostradas a verde.

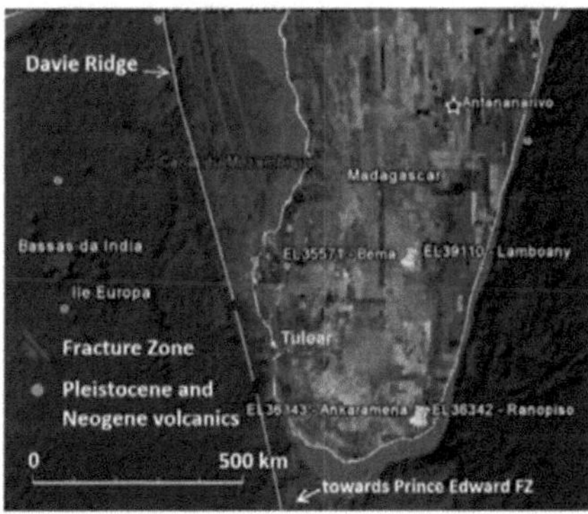

Figura 7: Zonas de fratura lateral esquerda de tendência NNW-SSE de idade pleistocénica que atingem as zonas costeiras do sudoeste de Madagáscar e derrames vulcânicos associados.

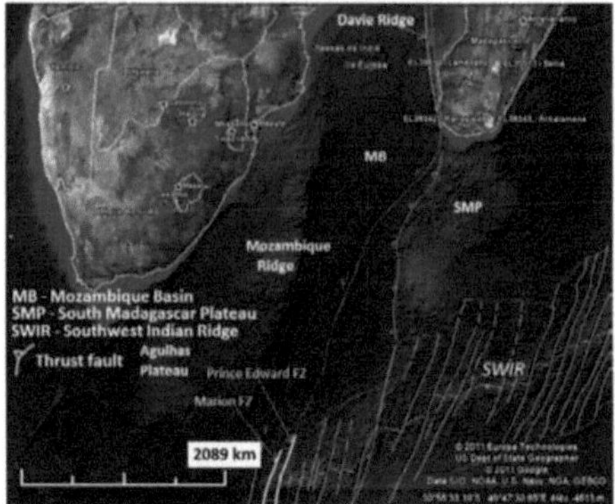

Figura 8: Ligação da grande fratura lateral esquerda no boudário oriental da placa de Moçambique com a falha transformada do Príncipe Eduardo da SWIR.

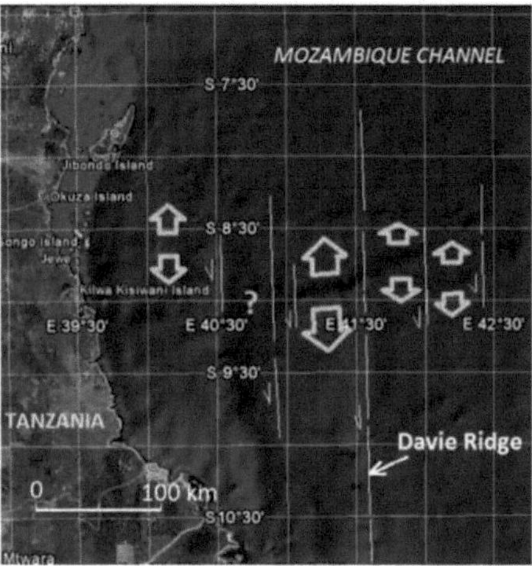

Figura 9: Posição do centro do rift quaternário ao largo da Tanzânia como fendas segmentadas separadas por falhas de transformação laterais esquerdas.

Uma densa rede de fracturas dextral associada às actividades tectónicas extensivas do Quaternário é observada na geologia de afloramento na Bacia de Diego, no norte de Madagáscar (Figura 10). Em terra, as fracturas originadas no centro da fenda atravessam a plataforma calcária de Ankara com uma orientação de 10°SSE e geram deslocamentos laterais direitos que podem atingir 5 km. As actividades vulcânicas e hidrotermais eruptivas estão muito difundidas (Montagne d'Ambre, ilha de Nosy Be, etc.). O eixo central da fenda é visivelmente definido como uma fenda alongada a 11°20'S de latitude, 110 km a nordeste do porto da cidade de Diego. Corre parcialmente ao longo da falha F2 que separa Madagáscar e o Planalto de Farquhar entre as longitudes 50°E e 50°45'E. É atribuída ao **ramo central** das correntes de convecção que provavelmente deixaram o Golfo de Aden no final do Terciário.

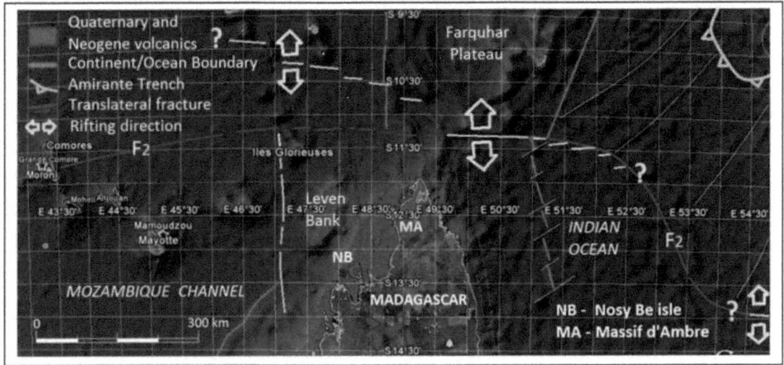

Figura 10: Posição atual do eixo central do rift no norte de Madagáscar.

O **ramo oriental** da UMCC que deixou a SEIR no Mioceno deslocou-se provavelmente para latitudes meridionais perto do Círculo Polar Antártico, numa localização presumível a leste de 94°E de longitude ao longo do talude continental da Antárctica, que parece ser uma zona de fraqueza para a próxima rutura da crosta.

A fase de rifteamento pré-rutura do Quaternário ocorreu após o período de rifteamento do Terciário Superior com uma duração de cerca de 9,36 Ma. Infere-se que a sua duração não deve exceder 2,0 Ma.

Num relance, os caminhos dos três ramos do Oceano Índico CC:

No início do Período 1, três ramos de correntes de convecção N-S iniciaram a deriva para sul do EG, o ramo ocidental, o central e o oriental que criaram respetivamente o MB, o SB e o Novo Oceano Tétis. A partir daí, evoluíram da seguinte forma:

1) O **ramo oriental** gerou continuamente o Oceano Tétis durante os Períodos 1 e 2, deslocou-se entre a Antárctica Oriental e a Austrália no Período 3 e criou o SEIR no Período 4. Atualmente, presume-se que tenham estabelecido uma fase de rifting pré-rutura ao longo do Círculo Polar Sul desde o final do Terciário (Período 5).

2) O **ramo central** está dividido em dois braços que controlaram separadamente as actividades tectónicas em duas regiões distintas: na Região 1 (ocidental), o rifting em leque entre a Índia e o Sri Lanka, a formação de planaltos continentais (SMP, Croset/Del Cano e Conrad Rise) separados por crostas oceânicas e a criação da Baía de Bengala na Região 2 (oriental). A expansão em leque da WEB foi efectuada pela fusão dos dois braços. No Período 3, formou o EEB. Uma dispersão de cristas dividiu-a em três braços. Dois deles formaram o WB, enquanto o terceiro braço se propagou para noroeste criando o CB/CIB e o MRB antes de se fundir com o ramo ocidental entre as Seychelles e a Índia. No Período 4, criou o CIR, a Crista de Carlsberg e a bacia oceânica no Golfo de Aden. Atualmente, observa-se um centro de fissura entre Madagáscar e o Planalto de Farquhar (Período 5).

3) No Período 3, o **ramo ocidental** deixou a MB e saltou entre Madagáscar e a Índia para formar a GMEB. No Período 4, separou-se da CIR e criou a SWIR. Gerou o Vale do Rift da África Oriental no Período 5. Mudou de lugar na Tanzânia,

estabelecendo uma fase de rifteamento pré-rutura.

As interacções laterais com o ramo central são as principais causas das fragmentações continentais que conduziram à formação do Oceano Índico. A mais espetacular delas teve lugar no Campaniano inicial entre os ramos oriental e central, enquanto a abertura oceânica começou entre a Antárctida Oriental e a Austrália. O CC central na Bacia de Enderby Oriental actuou como um cano de arma de fogo bloqueado que explode na cara do atirador. Para além dos saltos de cristas para norte, ocorreu também uma propagação de cristas para trás que durou um longo período de tempo, de C32 a C19.

DISCUSSÕES: Impactos nas alterações climáticas globais actuais.

As UMCC N-S no Oceano Índico afectam o hemisfério sul da Terra de duas formas:

1) As fendas formadas ao longo do eixo central do rifteamento Quaternário expõem as águas oceânicas do Canal de Moçambique e do Oceano Índico a altas temperaturas provenientes da crosta aquecida. Assim, dois fenómenos podem surgir: (1) por um lado, o excesso de temperatura nas águas oceânicas pode causar perturbações atmosféricas, formando áreas de baixa pressão ao longo do eixo central do rifting e (2) por outro lado, a presença de UMCC activas permitiria o aquecimento do Hemisfério Sul em relação ao Hemisfério Norte durante o longo período de glaciação do Quaternário. A sua presença abaixo da região polar sul oriental é a principal causa da fusão do gelo na Antárctida, reduzindo a expansão da sua calota polar durante esse período. A regressão glaciar no Hemisfério Norte, que marca o início do Holoceno há cerca de 17250 anos (Wikipedia), deve-se provavelmente a uma revitalização da UMCC E-W nas cristas do Atlântico e/ou do Pacífico. Uma série de zonas depressionárias, como os ciclones Belai, Eleonor e Gamane (Figura 11), formaram-se no nordeste de Madagáscar entre janeiro e março de 2024 sobre o eixo central do rifting, como resultado da interação entre as águas aquecidas e os ventos alísios frios que sopram de leste. Este é um sinal de que as UMCC intensificam as suas actividades na atualidade. Não é surpreendente que também se observem tais perturbações atmosféricas sobre as águas oceânicas da Antárctida Oriental, ao largo da Terra de Wilkes. As medições metódicas da temperatura da água do mar no interior das fendas podem ser utilizadas para prever catástrofes naturais, sejam elas atmosféricas (ciclones, chuvas excessivas) ou tectónicas (sismos, actividades vulcânicas) e acompanhar o processo de pré-rutura.

2) É sabido que os pólos magnéticos da Terra estão a mover-se em direção ao equador com uma velocidade crescente que pode levar a uma inversão da polaridade magnética. Este fenómeno é acompanhado pela diminuição da intensidade do campo magnético da Terra. Por conseguinte, as regiões polares e temperadas estão em risco de exposição à radiação solar com temperaturas elevadas sem precedentes. Este fenómeno pode resultar em alterações climáticas abruptas. O campo magnético da Terra é gerado por correntes eléctricas induzidas em torno do núcleo sólido da Terra pelas correntes de convecção que se desenvolvem no manto terrestre. Estas últimas, que circulam entre o núcleo da Terra e a crosta litosférica, criam correntes eléctricas no sentido oposto ao dos movimentos circulares de convecção. A direção do campo magnético é perpendicular à do circuito elétrico, de acordo com o "princípio da chave de fendas". Existem dois tipos de correntes de convecção

atualmente presentes no manto: as correntes de convecção N-S que caracterizam o Oceano Índico e as correntes E-W que formaram os Oceanos Atlântico e Pacífico. As primeiras, as mais antigas, geram um campo magnético bipolar axial ao equador, enquanto as segundas induzem um campo bipolar ao longo do eixo de rotação da Terra. A partir do Mesozoico, as UMCC N-S têm configurações complexas devido à sua divisão em pelo menos três ramos e, sobretudo, à interação lateral com a poderosa UMCC do Pacífico. Desde o Terciário, elas atravessam diagonalmente o Oceano Índico. Adivinhar como afectam a direção do campo magnético global é um exercício complexo. No entanto, pode sugerir-se que a inclinação dos pólos magnéticos em direção ao equador implica a supremacia das correntes de convecção do Oceano Índico em relação às do Atlântico e do Pacífico na época de que falamos.

Figura 11: O ciclone Gamane na sua posição em 26 de março de 2024, a cerca de 150 km a SW do local onde nasceu sobre o Oceano Índico (transmissão televisiva).

CONCLUSÃO

A abertura do Oceano Atlântico Sul lançou por relação causal os processos geodinâmicos que construíram o Oceano Índico. Três ramos de correntes de convecção (CC) espalharam as peças do puzzle de forma sincronizada durante cinco períodos de reorganização das placas, sendo cada período precedido por encerramentos de cristas médio-oceânicas retransmitidos por saltos de cristas. O Período 1 foi marcado pelo desprendimento para norte de fragmentos continentais na região de Tétis, pela criação de uma crosta oceânica entre o norte da Índia e o Irão e pela cessação da propagação da Bacia da Somália em M0. Durante o Período 2, o ramo central da CC dividiu o Gondwana Oriental em duas partes, mas a relação conflituosa entre as regiões ocidental e de Tétis manteve-se até ao fim do rifting em leque entre o Sri Lanka e a Índia no Aptiano Inferior. Seguiu-se a inversão da rotação Leste-Antárctica/Austrália e a mudança de direção dos movimentos das placas para N-S. A abertura oceânica (Baía de Bengala) começou no Aptiano Superior tardio e desenvolveu-se a partir de leste, enquanto uma série de saltos de cristas prevaleceu na região ocidental adjacente, formando massas de terra relacionadas com fendas separadas por crostas oceânicas. A formação da Bacia de Enderby Ocidental, em forma de leque, marcou o "aprisionamento" da Antárctica Oriental na região do Pólo Sul e provocou uma série de eventos que levaram ao encerramento geral das cristas. A partir do Cenomaniano Médio (Período 3), saltos simultâneos de cristas para norte geraram movimentos de placas entre Madagáscar e a Índia/Seychelles e entre a Antárctida Oriental e a Austrália. Entretanto, uma abertura em leque para leste formou a Bacia de Enderby Oriental. De C33 a C31, uma dispersão de cristas conduziu a uma série de saltos que formaram a Bacia de Elan e as Bacias de Wharton. Uma propagação da crista para trás criou a Bacia de Croset em C31 e atingiu a Bacia do Grande Mascarenhas, dando origem a processos complexos de colisão lateral e encerramentos de cristas em C31 e C29. Os movimentos das placas recomeçaram entre as Seychelles e a Índia e, a partir daí, foram controlados pela fusão da CC ocidental e da CC central. O mega hotspot Deccan, relacionado com a fenda, surgiu na Índia em C28 e deslocou-se para o COB da Índia em ~C27. Após a colisão da Índia contra a Eurásia em C21, o Período 4 foi caracterizado pela ligação da SEIR com a CIR oriental e pela separação da SWIR da CIR setentrional. Em C5, o salto de crista da SWIR criou o sistema de Rift Leste-Africano (Período 5). Desde o Pleistoceno, está em curso uma fase de rifting pré-rutura na direção N-S.

REFERÊNCIAS

Acharyya, S.K., 2000 : Quebra *do Bloco Austrália-Índia-Madagáscar, Abertura do Oceano Índico e Acrescentamento Continental no Sudeste Asiático com Referência Especial às Características da Zona de Colisão PeriÍndia.* Gondwana Research, V.3, N°4, pp. 425-443.

Arthaud F., Grillot J.C. et Raunet M., (1989) : *Mise en évidence d'une distension nord-sud à Madagascar (Hautsplateaux).* Compte rendus, Acad. Sci. Paris, tome 309, série 2, pp.125-128.

Besairie, H. & Collignon, M. *197Géologie de Madagascar: les terrains sédimentaireAnnales* Géologiques de Madagascar, Fascicules N°XXXV.

Biswas, S.K. & Thomas, J.: *The Deccan Traps and Indian Ocean Volcanism.* First Indian Ocean Petroleum Seminar, Seychelles, p. 187-209.

Coffin, M.F., 1990: *As margens da África Oriental e de Madagáscar: Stratigraphy, Structure and Tectonics.* Primeiro Seminário Petrolífero do Oceano Índico, Seychelles, p. 325-344.

Coffin, M.F. & Rabinowitz, P.D., 1987: *Reconstrução de Madagáscar e África: Evidências da Zona de Fratura de Davie e da Bacia da Somália Ocidental.* J. Geophys. Res. Vol. 92: p. 9385-9406.

Collier J.S. et al., julho de 2008: *Age of The Seychelles-India break-up.* Earth and Planetary Science Letters. doi: 10.1016/j.epsl.2008.04.045.

Damuth, J.E. & Johnson, D.A., 1989: *Morphology, sediments and structure of the Amirante Trench, Western Indian Ocean: implication for trench origin.* Marine and Petroleum Geology, Vol. 6, p. 232242.

Driscoll N. W. et al., 1991: *Resposta estratigráfica de um planalto carbonatado à mudança relativa do nível do mar: Broken Ridge, Sudeste do Oceano Índico.* AAPG, Bull. V75, p. 808-831.

Foucault, A. e Raoult J.-F., 1995: *Dictionnaire de géologie.* Ed. Masson.

Haq, B.U. et al, Jan. 1987: *Gráfico do ciclo Cenozoico e Mesozoico.* Versão 3.1A.

Marks, K.M., Tikku, A.A., 2001: *Reconstrução do Cretáceo da Antárctica Oriental, África e Madagáscar.* EPSL 186, p. 479-495, Elsevier.

Morley, C. K. et al., 1990: *Zona de transferência no Sistema de Rift Africano e sua relevância para a exploração de hidrocarbonetos em riftes.* Boletim AAPG V74, N°8, p.1234-1253.

Mougenot, D. et al., 1986: *Extensão para o mar do Rift da África Oriental.* Nature Vol. 321, p. 599-603.

Lawver, L.A., Coffin, M.F. e Galahan, I., 1990: *The Mesozoic break-up of Gondwana.* First Indian Ocean Petroleum Seminar, Seychelles, p. 345-356.

Reeves, Colin V., 1999: *Características aeromagnéticas e gravitacionais do Gondwana e a sua relação com a rutura continental: mais peças, menos puzzle.* J. Afr. Earth Sci., Vol. 28, No.1, p. 263-277.

Royer, J.-Y., 1990: *A abertura do Oceano Índico desde o Jurássico Superior: uma visão geral.* First Indian Ocean Petroleum Seminar, Seychelles, p. 169-185.

Segoufin, J. & Patriat, P., 1980: *Existence d'anomalies mésozoïques dans le bassin de Somalie : Implications pour les relations Afrique-Antartique-Madagascar.* Comptes Rendues Hebdomadaires des Séances de l'Académie des Sciences 291 : 85-88.

Shellnutt J.G. et al., 2017. *Evolução temporal e estrutural das rochas do Paleogénico Inicial do microcontinente das Seychelles.* Nature, Scientific Reports 7/179, doi: 10.1038/s41598-017-00248-y.

Tiwari V.M. et al., 2014. *Gravidade, GPS e dados geomagnéticos na Índia.* Proc Indian Natn Sci Acad 80 N°3, pp. 705-712.

ABREVIATURAS UTILIZADAS

BRP	Broken Ridge Plateau
CB	Croset Basin
CC	Convection currents
CIR	Central Indian Ridge
COB	Continent/Ocean Boundary
CSB	Central Somali Basin
ECC	Enderby Convection Currents
EEB	Eastern Enderby Basin
ESB	Eastern Somali Basin
FZ	Fracture Zone
GMEB	Great Mascarene Basin
KHP	Kerguelen-Heard Plateau
KTB	Cretaceous Tertiary Boundary
MEB	Mascarene Basin
MP	Mascarene Plateau
MRB	Madagascar Basin
SB	Somali Basin
SEIR	Southeast Indian Ridge
SIFZ	South India Fracture Zone
SMB	Saya de Malha Bank
SMP	South Madagascar Plateau
SWIR	Southwest Indian Ridge
TF	Transform Fault
UMCC	Upwelling mantle convection currents
WEB	Western Enderby Basin
WSB	Western Somali Basin

MONTAGEM GRÁFICA

<u>PERÍODO 1</u>: Deflexão da deriva do Gondwana Oriental e suas consequências.

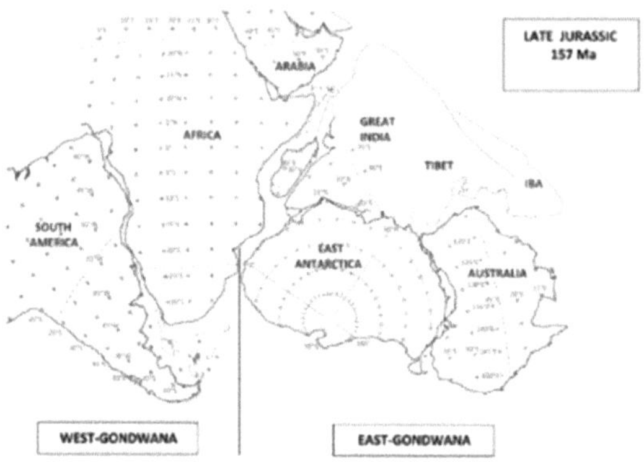

Figura M1: Paleoposição de Madagáscar no Gondwana.

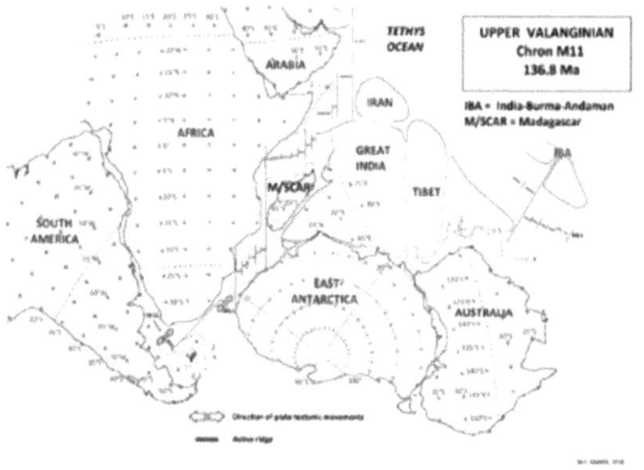

Figura M2: Deriva para sul do EG.

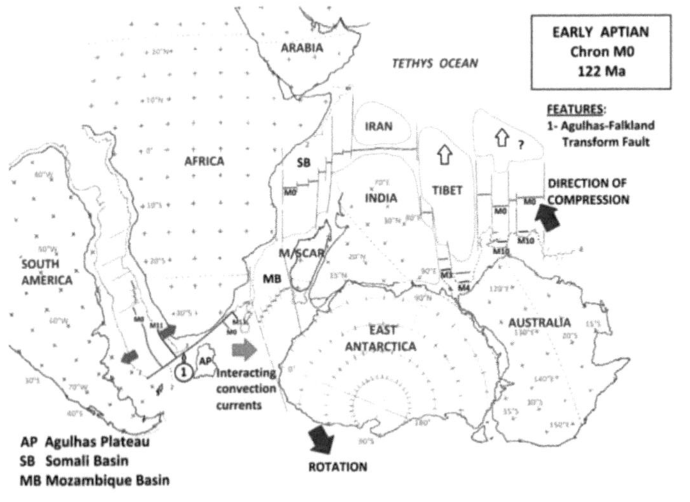

Figura M3: Rotação anti-horária do EG que conduz a uma série de fechos de cristas e saltos para sul no Oceano Tétis.

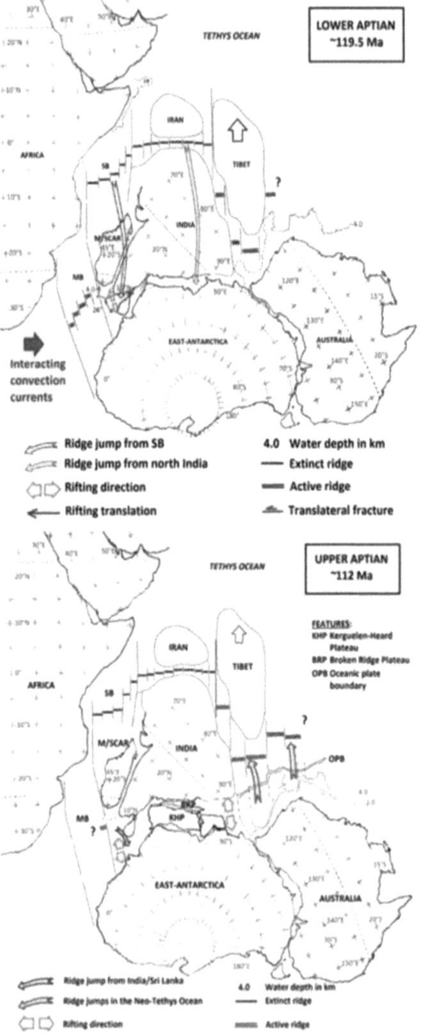

<u>Figura M4</u>: Actividades de rifting do Aptiano Inferior causadas por dois saltos de cristas separados.

<u>Figura M5</u>: Fim do rifteamento entre Madagáscar/Sri Lanka/Índia e Antárctica Oriental/Austrália.

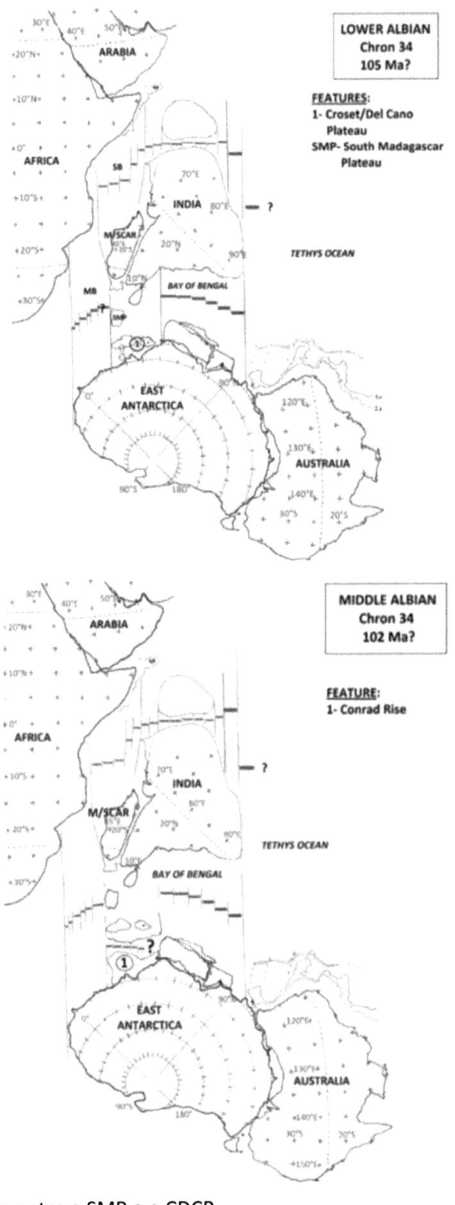

<u>Figura M6</u> : Rifting entre o SMP e o CDCP.
<u>Figura M7</u> : Rifting e abertura oceânica entre a CDCP e a Antárctica Oriental.

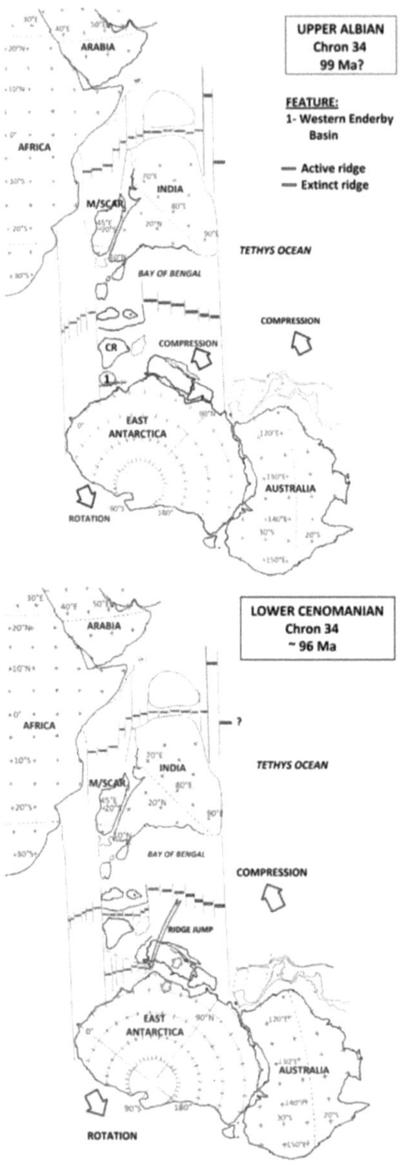

<u>Figura M8</u> : Abertura em forma de leque na região central entre a CR e a Antárctica Oriental.
<u>Figura M9</u> : Fusão das correntes de convecção N-S das regiões central e oriental. Expansão da WEB para leste.

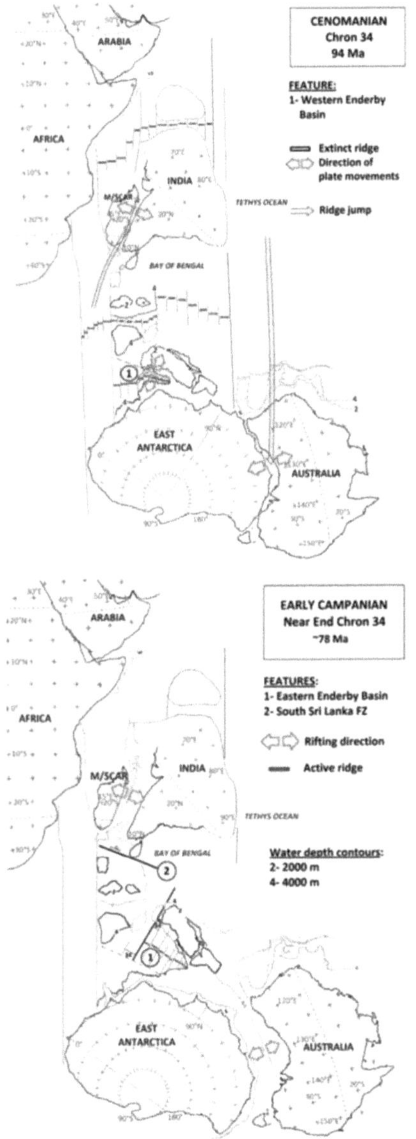

<u>Figura M10</u>: Processo de "salto de crista" após fecho de crista induzido por compressão.
<u>Figura M11</u>: Reorganização geral dos movimentos das placas com direcções pouco comuns. Espalhamento oceânico para nordeste entre a Antárctida Oriental e o Planalto de Kerguelen.

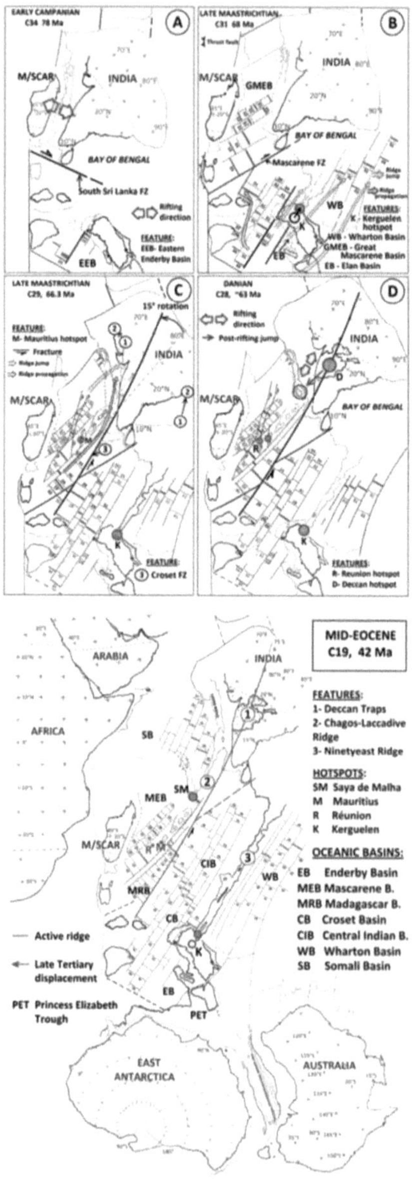

<u>Figura M12</u>:. Desenvolvimento complexo das aberturas oceânicas para nordeste caracterizadas por saltos de cristas e interacções entre correntes de convecção. O rifteamento entre as Seychelles e a Índia foi marcado pela fusão das correntes de convecção central e ocidental.

<u>Figura M13</u>:. Deriva da Índia para norte controlada pela zona de fratura de Croset (75°E). Fusão do hotspot de Saya de Malha com a crista médio-oceânica. Colisão da Índia contra a Eurásia.

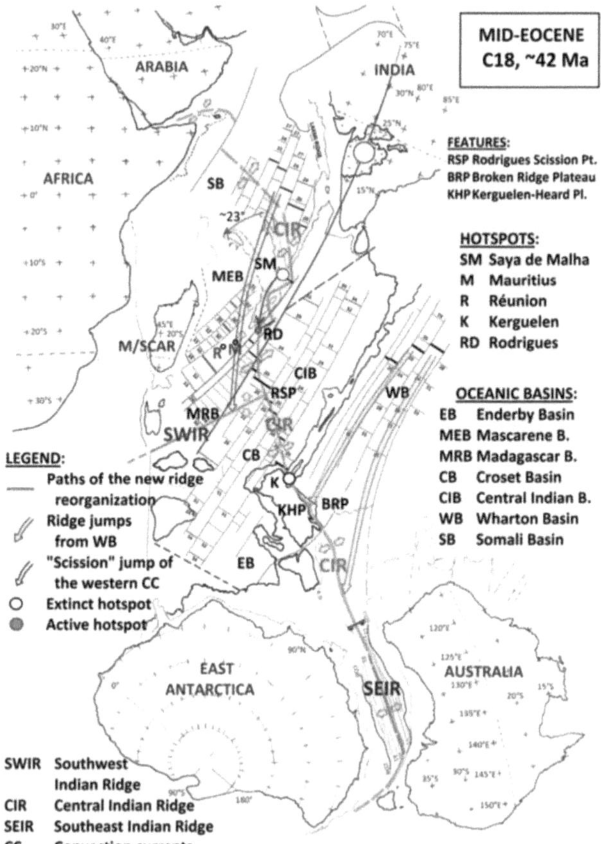

Figura M14: Reorganização da placa do Eoceno Médio caracterizada por (1) a ligação das correntes de convecção oriental (SEIR) e central (CIR) e (2) a separação das correntes ocidentais para formar a SWIR. O salto para sul do hotspot de Saya de Malha deu origem ao hotspot de Rodrigues. Separação do <u>arquipélago de Chagos do rasto vulcânico da Maurícia.</u>

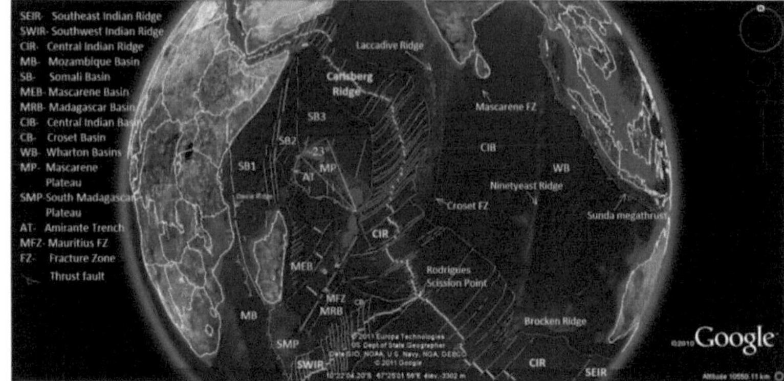

<u>Figura M15</u>: Configuração do Oceano Índico desde o final do Terciário até aos dias de hoje, mostrando as relíquias dos movimentos tectónicos de placas recentes e antigos.

Dedicado, à memória de:

Henri Michel-Edouard BESAIRIE (1898-1978)

Índice

yes
I want morebooks!

Buy your books fast and straightforward online - at one of world's fastest growing online book stores! Environmentally sound due to Print-on-Demand technologies.

Buy your books online at
www.morebooks.shop

Compre os seus livros mais rápido e diretamente na internet, em uma das livrarias on-line com o maior crescimento no mundo! Produção que protege o meio ambiente através das tecnologias de impressão sob demanda.

Compre os seus livros on-line em
www.morebooks.shop

Printed by Books on Demand GmbH, Norderstedt / Germany